땅속에서 우주까지,
45억 살 지구 인터뷰

지구를
소개합니다

땅속에서 우주까지,
45억 살 지구 인터뷰
지구를
소개합니다

2017년 6월 12일 처음 펴냄
2018년 11월 30일 3쇄 펴냄

지은이 신규진
펴낸이 신명철
편집 윤정현
영업 박철환
경영지원 이춘보
디자인 최희윤
펴낸곳 (주)우리교육
등록 제 313-2001-52호
주소 03993 서울특별시 마포구 월드컵북로 6길 46
전화 02-3142-6770
팩스 02-3142-6772
홈페이지 www.uriedu.co.kr

이 도서의 국립중앙도서관 출판시도서목록(CIP)는
e-CIP홈페이지(http://www.nl.go.kr/ecip)에서 이용하실 수 있습니다.
(CIP 제어번호:CIP2017012904)

땅속에서 우주까지,
45억 살 지구 인터뷰

지구를
소개합니다

신규진 글·그림·사진

우리교육

아름다운 삶을 시작하는 첫걸음으로서의 지구과학

"밥 먹다가 돌 씹은 적 있지? 그 돌의 이름은 무엇일까?"

'너는 아니?' 하는 표정으로 서로의 얼굴만 바라보는 학생들을 이끌고 운동장으로 나갔다. 흙을 한 줌 떠서 수돗물에 헹구자 손바닥에 남는 굵은 알갱이들. 희고 붉은 장석과 투명한 석영 입자들이 햇빛에 반짝였다.

"앞으로는 밥 먹다가 돌을 씹으면 꼭 확인해봅시다. 장석인지, 아니면 석영인지…."

한 학생이 말했다.

"아, 아깝다. 나 오늘 아침에 돌 씹었는데!"

"저런, 이는 괜찮은가?"

"네, 돌이 으스러졌어요."

"그럼 장석일 거야. 석영을 씹었으면 이가 깨졌을 테니까."

햇볕이 뜨거워진 오후, 학교의 숲속 정자 아래에서 수업을 진행했다.

"태양은 왜 뜨거운 걸까?"

한 학생이 장난스럽게 말했다.

"석탄 덩어리여서가 아닐까요? 히히."

학생들 사이에서 키득키득 웃음소리가 새어 나왔다. 태양은 수소핵융합 반응을 통해 에너지를 생산한다는 사실에 대해서 이미 배운 바 있으므로 당연한 반응이었다. 그러나 엉뚱해 보이는 이 학생의 생각은 20세기 이전까지만 해도 사실일 가능성이 있다고 여겨진 해석 중 하나였다.

"좋은 의견이다. 철학자 아낙사고라스, 과학자 켈빈도 그렇게 생각했었다."

"워~." 학생들이 탄성을 터트렸다.

다른 한 학생이 적도가 더운 이유에 대해서 물었다.

"선생님, 적도는 태양에 가깝기 때문에 더운 거죠?"

주머니에서 동전 하나를 꺼내 손가락으로 튕겼다. 매끄러운 콘크리트 바닥에서 동전이 빙글빙글 돌기 시작했다.

"동전의 어떤 쪽이 네게 가까울까?"

동전은 계속 돌고 있었으므로 학생은 답을 하지 못했다.

"자, 우리가 사는 지구도 동전처럼 자전하고 있으니, 지구의 모든 지점에서 태양까지의 평균 거리는 같겠지? 그러니 적도가 더운 까닭에 대해서 다시 생각해보렴."

학생들이 대기권의 구조를 배울 즈음 학부모 공개 수업 일정이 잡혔다.

"혹시 슈퍼맨이 되더라도 여자 친구를 데리고 지구 밖으로 나가지는 마세요. 날아가는 동안 질식하거나, 얼어 죽거나, 타 죽거나, 눈알이 튀어나올 수도 있으니까요."

한 시간 내내 수업을 지켜 본 학부모님 몇 분이 정말 재미있었다면서 엄지손가락을 치켜세웠다.

　"교과서를 그처럼 쉽게 풀어서 수업하시니까 귀에 쏙쏙 들어와요. 책으로 내시면 좋을 것 같아요."

　그날 학부모님들의 과한 칭찬이 이 책을 집필하는 데 하나의 동기를 부여하였다. 그러나 과학 수업을 매시간 재미있고 흥미로운 이야기를 고리로 엮어나가는 것은 힘들 뿐 아니라 불가능하다. 복잡한 원리와 수식으로 이루어진 과학 이론과 공식을 친근하고도 이해하기 쉬운 소재로 풀어내는 데에는 한계가 있기 때문이다. 또한 정해진 시간에 가르쳐야 할 교과서 내용이 너무 많고, 입시라는 견고한 벽이 버티고 있기 때문이기도 하다. 책을 집필하게 된 또 다른 동기가 바로 여기에 있다.

　이 책은 중고등학교 통합과학·지구과학·물리 교과서를 바탕으로 쓰였다. 그렇지만 내용의 분류 체계와 지식에의 접근 방식은 기존 교과서와 상당 부분 다르다. 차례에는 분명히 드러나지 않지만 기본적으로 온도, 구조, 운동, 물질이라는 분류 체계를 설정하고, 매 주제에서 '왜 그렇지?', '어떻게 알 수 있지?'라는 질문을 던지며 스토리텔링 방식으로 설명해나가고 있다는 면에서 그렇다. 경우에 따라서는 과학적인 사고 과정을 보여주기 위해 공식과 사칙연산을 곁들여서 설명하기도 하였다. 공식은 긴 문장을 짧게 압축한 아름다운 언어와도 같다. 이 책은 그러한 공식과 친밀해질 기회를 제공할 것이다. 본문에 삽입된 그림들은 관련 프로그램을 이용하여 저자가 직접 그렸다. 별자리가 뒤집어지거나, 물분자 모형의 각도가 틀어지거나 하는 따위의 오류를 최대한 줄이기 위해서였다. 그림 속에는 구구절절한 설명으로 전하지 못할 정보들이 깃들어 있기도 하다.

과학 수준을 에너지 활용도에 따라서 4단계로 나눈 미래학자들은 현재 지구인의 과학을 0.7단계라고 진단한 바 있다. 머지않은 미래에 우리 과학은 1단계를 넘어서게 되고, 이후 놀라운 속도로 진보를 거듭할 것이다. 지구라는 작고 푸른 점에서 삶을 영위하던 인류가 입체적인 우주 공간 전체로 삶의 환경을 확대시키는 대전환이 먼 미래의 일만은 아니다.

과학적 사고를 통해 지구와 우주를 공부하노라면 이윽고 철학의 벽에 다다르게 된다. 무에서 시작한 광활한 우주, 그 속의 한 점에서 우주를 바라보는 지구인은 어떤 존재인가? 과학이 인문학적 성찰로 우리를 이끌게 될 때 우리 정신의 지평은 속박으로부터 자유로워진다. 〈인터스텔라〉의 미학적 삶에 더 가까이 다가서게 되는 것이다.

미력하나마 이 책이 그런 삶으로 가는 길에 기본적인 정보와 지식을 제공하는 안내서의 역할을 할 수 있다면 저자로서 그보다 큰 기쁨이 없겠다.

차례

1

겨울이 이렇게 추운데, 지구온난화라니?
–지구온난화에 대하여

지구가 따뜻해진다는데, 뭐가 문제지?

지구온난화 자연 현상일까, 인간 때문일까?

미국의 45대 부통령 앨 고어는 지구온난화에 대한 위험성을 전 세계에 널리 알렸다. 인류가 석탄이나 석유와 같은 화석연료를 많이 태우는 바람에 공기 중에 이산화탄소^{CO_2}가 많이 늘었고, 이 때문에 지구의 대기 온도가 상승했다는 것이 그의 의견이었다. 앨 고어는 그 공로를 인정받아 2007년 노벨 평화상을 받았다.

그런데 NASA$^{미\ 항공우주국}$에서 기상 분야 책임자를 지낸 존 씨온 박사는 기자와의 인터뷰*에서 앨 고어의 의견을 거짓이라고 주장했다. 이산화탄소가 대기 온도를 올린 것이 아니라, 지구의 온도가 올라갔기 때문에 바닷물에서 이산화탄소가 방출된 것이라고…. 그는 차가운 청량음료를 더운 곳에 두면 이산화탄소가 뿜어져 나오는 원리와 같다고 덧붙여 설명했다.

누구 말이 진실일까? 앨 고어 의견대로라면 인류의 활동이 지구 환경을 바꾼 것이고, 존 씨온 박사의 주장대로라면 기후 변화는 자연적인 현상으로 해석할 수 있다. 그런데 지구온난화의 원인이 무엇인지를 따지는 것보다 더 중요한 일이 있다.

---

* 한국일보(2015.02.11.)

그것은 지구온난화가 지구 생태계에 어떤 영향을 주는지를 아는 것이다. 설령 지구온난화를 자연적인 변화의 결과로 보더라도 그대로 내버려 뒀을 때 심각한 문제가 예상된다면 미리 대책을 세워야 하기 때문이다.

지구온난화, 뭐가 문제일까?

어떤 사람들은 지구온난화 자체가 왜 문제인지 의문을 제기하기도 한다.

'온도가 좀 올라가면 뭐가 문제야? 이모작도 할 수 있고, 난방비도 줄일 수 있고 좋지 않나?'

이모작이란 한 해 농사를 두 번 짓는 일을 말한다. 그런데 이모작이 마냥 좋은 일도 아니다. 일손 부족한 농촌에서 두 번 농사짓는 것은 힘들기도 하지만, 생산 과잉으로 농산물 가격이 대폭 하락하면 농부 입장에서는 손해이기 때문이다. 오히려 온난화 때문에 사과나 인삼 같은 특산품은 생산량이 줄고 대신 바나나 같은 열대작물만 키워야 할는지도 모른다. 여름의 길이가 길어지면 각종 병충해 위험성도 그만큼 높아진다. 또한 수온 상승으로 바닷물에 녹아 있는 산소의 양이 줄고, 이로 인해 플랑크톤이 줄어들고, 명태와 대구 같은 한류성 어종의 어획량이 크게 줄어들기도 한다. 이처럼 온도의 변화는 생태계에 많은 영향을 준다.

100년 동안 겨우 1℃ 상승했는데, 그게 그렇게 문제가 될까? 지구의 기온이 여기서 더 이상 오르지 않으면 좋겠지만, 지구 기온이 지속적으로 오를 가능성이 커서 문제가 되는 것이다. 만약 기온이 5℃ 정도 상승하면 과거 중생대 기후와 비슷해지는데, 이는 파충류에게 적합한 기후가 되는 셈이다.

시베리아처럼 추운 지역에는 메테인^{CH_4} 같은 온실 기체가 토양에 얼어붙은 채로 저장되어 있다. 날씨가 따뜻해져서 그 기체들이 공기 중으로 빠져나오면 온난화 속도가 걷잡을 수 없이 빨라질 수도 있다. 눈과 얼음이 녹으면 지구 표면의 태양복사에너지 반사율은 낮아지고 흡수율이 더욱 커진다. 기온이 오르면 물이 많이 증발해 대기 중에 수증기H_2O가 많아지면서 여름 날씨는 증기탕처럼 뜨거워질 것이고, 겨울에는 구름이 많이 생겨서 춥고 음산한 날씨가 될 수 있다.

도시의 온난화는 더욱 심각하다. 지난 100년 동안 서울, 도쿄, 뉴욕, 런던과 같은 도시의 평균 기온은 2~3℃ 올라갔다. 도시는 에너지를 많이 사용해 열과 대기오염 물질이 많이 발생하기 때문이다. 대기오염 물질은 도시를 지붕처럼 덮어서 열이 쉽게 빠져나가지 못하게 한다. 이 같은 현상을 '열섬 효과'라고 한다.

커다란 에어컨을 만들어서 도시를 시원하게 만들면 어떨까?

에어컨은 집 안의 열을 밖으로 빼내는 장치지만, 이는 오히려 도시 전체 온도를 상승시킨다. 선풍기도 마찬가지. 전기에너지가 선풍기를 회전시키는 운동에너지로 바뀌는 과정에서 열에너지도 함께 발생한다. 그러므로 커다란 에어컨이나 선풍기를 만들어 사용하면 오히려 지구는 더 더워진다.

시원한 해안 지역으로 이사하면 어떨까? 해안 지역은 항구가 발달하고 평야가 인접한 곳이어서 산악 지대보다 훨씬 많은 사람이 산다. 그런데 지구온난화로 인해 해수면이 상승하면 해안 도시는 상당 부분 물에 잠겨버릴 가능성도 있다.

해수면은 왜 상승할까? 원인은 크게 두 가지다. 하나는 대륙 위에 얼음 상태로 존재하는 빙하가 녹아 바다로 흘러들어 가는 것이고, 또 다른 하나는 온도 상승에 따른 바닷물의 팽창 효과 때문이다.

남극과 북극의 얼음이 녹으면 어떻게 될까?

우리나라 세종기지 극지연구소KOPRI 보고서에 따르면, 남극 대륙 위에 쌓인 빙하의 평균 두께는 2160m 정도로 매우 두껍다. 만약 남극 빙하가 모두 녹으면 바닷물의 높이는 얼마나 상승할까?

지구 바다의 총면적은 남극 대륙 면적의 26배 정도 된다. 2160m 두께의 얼음을 27개의 식빵 치즈처럼 수평으로 자르면 한 장의 두께는 80m 정도 된다.*

치즈처럼 자른 얼음을 한 장씩 떼어내서 바다 위에 펼쳐놓는다고 상상해 보자. 그러면 전 세계 바다를 80m 두께의 얼음으로 전부 덮을 수 있다.

그 얼음이 모두 녹으면 높이가 어떻게 될까? 얼음이 녹아 물이 되면 부피가 10% 정도 줄어들기 때문에 80m 두께의 얼음은 72m 높이의 물이 된다. 그렇다면 바다의 높이가 현재보다 72m 상승할까? 그렇지 않다. 해수면이 높아지면 해안선이 점점 내륙 쪽으로 침입해 들어오면서 바다 면적이 넓어지므로 해수면 상승폭은 72m보다 작다. 대신 해변에 가까운 도시인 서울, 부산, 뉴욕, 런던, 도쿄, 상하이, 홍콩 같은 도시들의 상당 부분은 바닷물에 잠겨버리지만.

---

* 바다 면적이 남극 대륙의 26배인데 27개의 조각으로 나눈 이유는 한 장의 얼음을 남극 대륙에 남겨 놓기 위해서다. 남극 대륙은 얼음 무게에 의해 짓눌린 대륙이라서 얼음의 바닥 부분은 거의 해수면과 비슷하거나 해수면 아래에 놓인 지역도 많기 때문이다. 그래서 남극의 얼음이 녹으면 대부분이 수면 아래에 잠긴다.

해안선이 얼마나 내륙 쪽으로 침입해 들어올지를 정확히 계산하려면 등고선이 표시된 세계 지도 데이터가 필요하다.

이 같은 여러 변수를 고려하여 계산하면, 남극의 얼음이 모두 녹았을 때 전 세계 해수면은 약 66m 정도 상승한다고 구글 지도 제작사가 발표한 적이 있다.

그런데 남극 빙하가 쉽게 녹을까? 극지 보고서에 따르면 남극의 연평균 기온은 -23℃이고, 지구 온도 측정 기록 사상 최저인 -89.6℃를 기록한 적도 있을 정도로 매우 춥다. 따라서 대기 온도가 몇도 올라가더라도 남극의 얼음 은 쉽게 녹지 않는다.

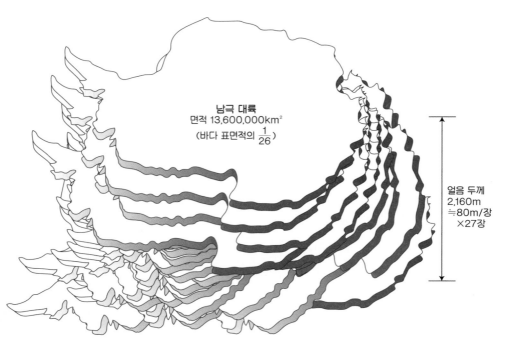

남극 대륙
면적 13,600,000km²
(바다 표면적의 $\frac{1}{26}$)

얼음 두께
2,160m
≒80m/장
×27장

〈그림 1-1〉 남극 대륙을 구성하는 빙하 전체의 두께

바다의 컨베이어벨트가 사라진다고?

얼음이 녹으면 바닷물의 순환은 어떻게 될까?

남극의 얼음은 대륙 위에 쌓인 얼음이지만, 북극의 얼음은 해수 표면이 언 것이다.

그러므로 북극의 얼음은 녹아도 해수면은 별로 상승하지 않는다. 이는 음료수에 넣은 얼음이 녹아도 음료수 높이가 변하지 않는 것과 같은 이치다.

물이 얼음으로 변할 때는 물의 분자 구조가 육각형 형태로 배열되면서 공간이 생기기 때문에 부피가 10% 정도 늘어난다. 질량은 같은데 부피가 늘면 그만큼 가벼운 물질이 되는 것이다.

따라서 빙산은 물 위로 10% 높이만큼 떠오른다. 그 빙산이 녹아 물이 되면 부피가 원래대로 줄어들기 때문에 수면 상승 효과는 없다.

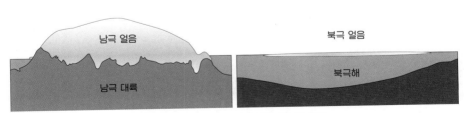

〈그림 1-2〉 남극과 북극의 빙하 구성의 차이

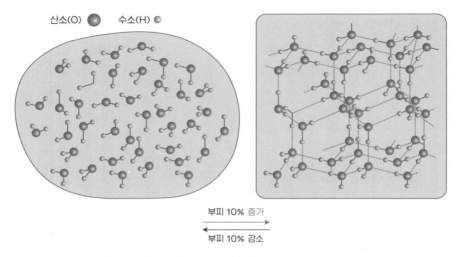

산소(O) ● 수소(H) ●

부피 10% 증가
부피 10% 감소

〈그림 1-3〉 물(왼쪽)과 얼음(오른쪽) 분자의 배열 구조 차이

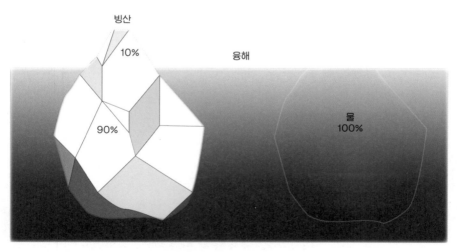

빙산

10%

융해

90%

물
100%

〈그림 1-4〉 빙산일 때와 녹은 후의 부피 차이

그런데 북극해 얼음이 녹으면 일어나는 커다란 문제는 다른 데 있다. 해수 온도 변화로 인해 해양 순환 시스템에 심각한 이상을 가져오기 때문이다. 북극해 얼음이 녹으면 북극해에 가까운 그린란드 대륙의 얼음도 녹고, 이로 인해 해양의 순환은 마비될지도 모른다.

과학으로 한걸음 더 물 분자의 마법

물H_2O 분자는 산소O 원자 한 개와 수소H 원자 두 개가 결합한 물질이다. 이때 결합은 산소와 수소가 각각 전자를 하나씩 내어 전자쌍을 만들고 이를 함께 공동 소유하는 형태이므로 '공유결합'이라고 한다.

원자 번호 1번인 수소의 핵은 양성자 한 개로만 되어 있다. 그리고 중심에서 대략 10^{-11}m 이내의 거리에 전자 한 개가 있다.

원자 번호 8번인 산소 핵에는 양성자 여덟 개와 같은 수의 중성자가 들어 있다. 양성자끼리는 반발력 때문에 뭉쳐 있기 어려우므로 중성자가 필요하다. 중성자와 양성자 사이에서 작용하는 힘을 핵력이라고 하는데, 물리학자들의 설명에 의하면 파이온π과 같은 중간자를 주고받음으로써 강하게 묶일 수 있다.

산소는 양성자가 여덟 개이므로 여덟 개의 전자를 데리고 있어야 중성의 전기를 유지할 수 있다. 그런데 여덟 개의 전자 중 두 개는 핵 가까이 있고, 나머지 여섯 개는 더 외곽 지역에 있다. 마치 양파껍질처럼 말이다. 그래서 전자가 있는 지역을 전자껍질이라고 부르며, 가장 안쪽의 껍질을 첫 번째 전자껍질, 그 다음을 두 번째 전자껍질이라고 부른다.

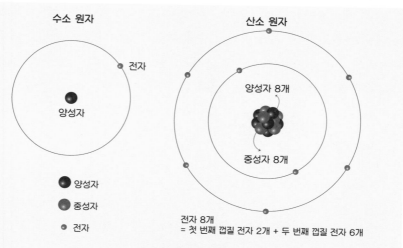

수소 원자

산소 원자

전자

양성자

양성자 8개

중성자 8개

양성자

중성자

전자

전자 8개
= 첫 번째 껍질 전자 2개 + 두 번째 껍질 전자 6개

수소와 산소의 원자 모양

첫 번째 전자껍질에는 전자가 두 개까지 채워질 수 있고, 두 번째 전자껍질에는 여덟 개까지 들어갈 수 있다. 그런데 수소의 첫 번째 껍질에는 한 개의 전자만 덩그러니 있다. 산소는 첫 번째 껍질에 두 개의 전자가 들어가고 두 번째 껍질에는 여섯 개의 전자가 들어찼지만 여전히 두 개의 빈자리가 남아 있다.

빈자리를 채우는 방법에는 어떤 것이 있을까? 어디선가 홀로 있는 전자를 데려와 빈자리를 채운다면 양성자 개수보다 전자의 수가 많아지므로 마이너스 전기를 띤 음이온이 된다. 전기적으로 중성을 유지하면서도 빈자리를 채우는 방법은 21쪽의 물 분자의 입체적 모식도처럼 수소와 산소가 결합하는 것이다.

물 분자의 수소와 산소에서 각각 내놓은 전자는 수소와 산소가 공동 재산처럼 소유하는 것이므로 '공유 전자쌍'이라고 한다. 그리고 공유하지 않은 나머지 전자들은 두 개씩 짝을 이루어 특정한 공간을 차지하는데 이를 '비공유 전자쌍'이라고 한다. 이때 공유 전자쌍은 양성자의 영향을 받아 전기적 반발력이 약하지만, 중심핵에서 먼 비공유 전자쌍의 전기적 반발력은 강하다. 따라서 비공유 전자쌍은 공간을 더 많이 점유하고, 공유 전자쌍은 비좁은 공간을 차지한다. 결국 물 분자는 두 개의 수소 원자핵이 산소의 옆구리에 104.5°로 치우쳐

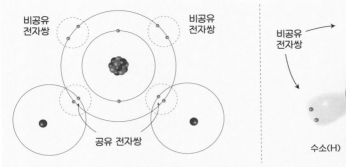

비공유
전자쌍

비공유
전자쌍

공유 전자쌍

비공유
전자쌍

산소(O) 수소(H)

수소(H) 104.5°

물 분자의 평면적 모식도(왼쪽)와 입체적 모식도(오른쪽)

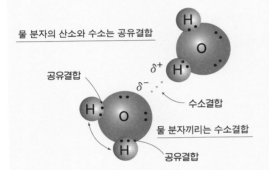

물 분자의 산소와 수소는 공유결합

공유결합

δ^+

δ^-

수소결합

물 분자끼리는 수소결합

공유결합

물은 분자량이 비슷한 다른 물질에 비해

□ 녹는점과 끓는점이 높다.
□ 기화열, 융해열, 열용량이 크다.
□ 응집력, 표면장력이 크다.
□ 투명하고 냄새가 없다.
□ 소금과 같은 용질을 잘 녹이는 용매이다.
□ 세포 안의 단백질, DNA, 다당류를 잘
  녹여서 운반한다.
□ 물이 얼음이 될 때는 수소결합이 강해지
  면서 육각형의 배열을 하기 때문에 부피
  가 증가한다.

서 붙어 있는 구조를 가진다. 이와 같은 물 분자의 구조로 인해서 물은 보통의 다른 물질과 다른 여러 가지 특성을 띤다. 수소가 붙은 쪽은 (+) 전기를 띠고 산소의 비공유 전자쌍이 위치한 반대쪽은 (-) 전기를 띠기 때문이다. 이러한 비대칭 구조로 인해 물 분자들은 서로 끌어당기는 힘이 생기는데, 이를 '수소결합'이라고 한다.

분자끼리 끌어당기는 힘을 가진 물은 여러 가지 특성을 가진다. 물은 분자량이 비슷한 다른 물질에 비해 녹는점과 끓는점이 높다. 예를 들면, 1기압에서 이산화탄소는 -78.5℃, 산소는 -183℃에서 끓지만, 물은 100℃나 되어야 끓는다. 물의 온도가 변하려면 많은 열이 필요하므로 물은 열용량*이 큰 물질이다. 또한 응집력이 강하며, 소금, 설탕 같은 물질을 잘 녹이고, 세포 내 단백질, DNA, 다당류를 잘 녹여서 운반한다. 물이 얼 때는 수소결합이 강해지면서 벌집 모양의 육각형으로 배열하기 때문에 내부에 공간이 생기고, 이로 인해 부피가 늘어난다. 지구 표면 70% 이상 면적을 덮는 물은 지구 온도가 쉽게 변하지 않게 하는 역할도 하고, 수많은 생명체의 서식지이기도 하다. 그래서 우주의 어떤 행성에 생명체가 살고 있을 가능성을 살피는 과학자들은 '액체 상태의 물이 존재하는지'를 가장 먼저 알아내고자 한다. 물은 생명의 근원이다.

해수의 순환과 빙하기는 어떤 관계가 있을까?

해수의 순환은 표층 순환과 심층 순환으로 구분한다.

무역풍, 편서풍처럼 한 방향으로 지속해서 부는 바람에 의해 생기는 해류는 표층 순환을 일으킨다. 표층 해류는 기후, 어업, 해양 운송업에 직접적인 영향을 미치는 중요한 물의 운동이다. 그런데 바람이 불어서 만들어지는 바다 표면의 해류는 100m 내외로 한정된다. 이는 바람의 마찰력이 미치는 깊이에 한계가 있기 때문이다. 그러므로 심층 해수는 다른 요인에 의해서 순환한다. 그 요인은 바로 온도와 염분의 차이에 따른 밀도 차다. 온도가 낮고 염분이 높은 물은 밀도가 크므로 무거워서 더 깊은 수심으로 가라앉고침강, 밀도가 작은 물은 해수면 위로 떠오른다용승. 이 같은 해양의 심층 순환을 '열염순환'이라고도 부른다.

해수가 냉각되어 침강하는 대표적인 지역은 그린란드와 남극 주변이다. 여기서 냉각된 물은 전 세계 바다를 여행한다. 여행 경로는 〈그림 1-5〉와 같다. 파란색으로 그려진 화살표는 차가워진 해수고, 빨간색으로 그려진 화살표

---

* 물의 온도를 1℃ 올리는 데 필요한 열량.

는 따뜻해진 해수다. 따뜻한 해수는 바다 표면으로 떠오르기 때문에 바람의 영향도 받는다. 과학자들은 이 같은 해수의 순환에 '해양 컨베이어벨트'라는 별명을 붙였다. 컨베이어벨트는 회전운동으로 물건을 이동시키는 띠 모양의 운반 장치다. 만약 한 부분이라도 고장이 생기면 컨베이어벨트는 돌아가지 않는다. 해양 컨베이어벨트도 그와 같은 속성이 있어서, 어느 한 부분의 순환이 멈추면 전체 흐름이 영향을 받는다.

그린란드 지역에서 냉각된 물이 계속 가라앉아 적도를 지나 남극 저층수와 만나고 더 멀리 인도양이나 태평양으로 이동한다. 그와는 반대로 태평양과 인도양에서 가열된 따뜻한 표층수는 아프리카 남쪽을 지나 대서양을 거슬러 멕시코 만을 들러 북유럽으로 향한다. 영국이나 북유럽이 고위도에 있지만 비교적 온난한 기후인 것은 바로 이 해류 덕분이다.

그런데 지구온난화로 인해 그린란드의 얼음이 녹으면 어떤 문제가 생길까? 그린란드의 얼음이 녹아 대서양으로 넘치면 바닷물은 희석되어 염분 농도가 낮아진다. 염분 농도가 낮아지면 물은 가벼워지고, 그러면 해양 컨베이어벨트는 제대로 돌아갈 수 없다. 무거운 물이 가라앉으면서 컨베이어벨트를 밀어주어야 하는데, 가벼운 물은 그 역할을 제대로 할 수가 없다. 그런 상황이 되면 해양의 순환이 전체적으로 둔해지고 유럽을 향해 북상하던 따뜻한 해류의 흐름도 약해진다.

기후학자들은 13,000~11,800년 전 유럽에 소빙하기가 있었다는 사실을 알아내고 '영거 드리아스**기Younger Dryas Event'라 이름 붙였는데, 그 시기는 그린란드의 얼음이 녹은 시기와 일치한다. 그린란드의 얼음이 녹아 해양 컨베이어벨트 순환이 약해지면서 약 1200년 동안 유럽에 소빙하기가 찾아왔던 것이다.

** 드리아스(Dryas)는 '담자리 꽃'의 영어 이름으로 차가운 빙하가 흐르는 산악 지대에서 피어나는 작고 앙증맞은 꽃이다.

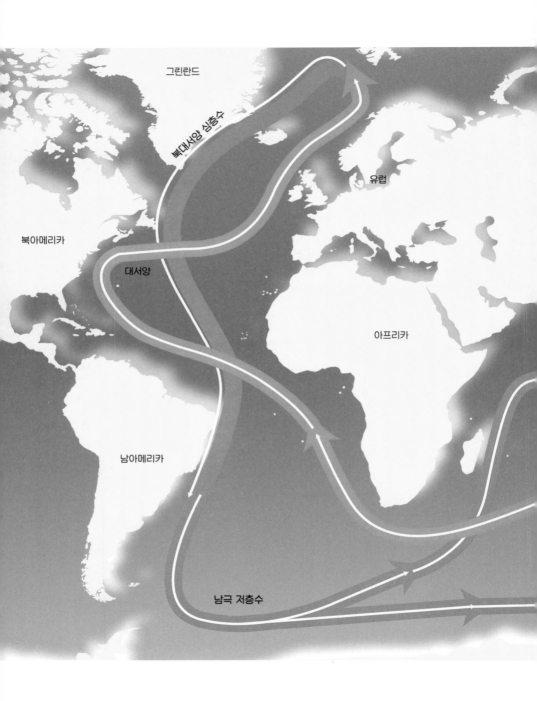

그린란드

북대서양 심층수

유럽

북아메리카

대서양

아프리카

남아메리카

남극 저층수

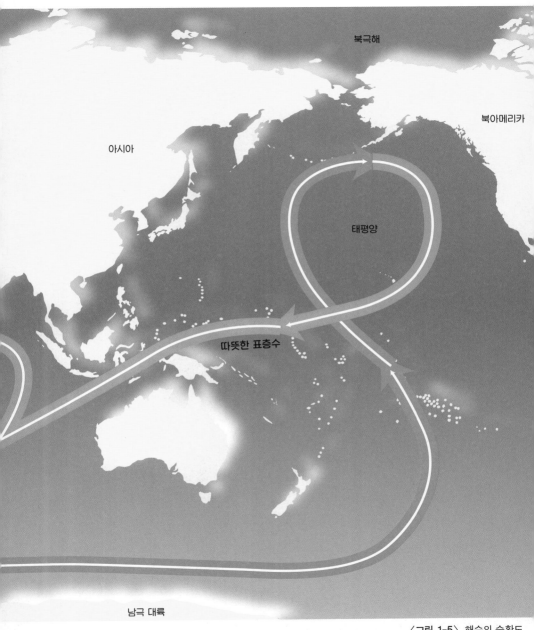

북극해

북아메리카

아시아

태평양

따뜻한 표층수

남극 대륙

〈그림 1-5〉 해수의 순환도

2

지구는 원래 뜨거운 곳이야
– 지구의 구조와 지각 변동에 대하여

지구가 흔들린다

지구 내부는 어떻게 연구할까?

지구의 지각은 고요해 보이지만 실제로는 늘 시끄럽다. 지금도 지구 어디에서인가는 스트레스를 받은 지각이 굉음을 내면서 부러지거나 어긋나면서 흔들리고 있을 것이다. 지구에서 발생하는 지진은 하루에 5000~1만 회인 것으로 집계된다.

지진 관측소에서는 지진계로 지진파를 관측하여 지진이 일어난 진원의 위치 및 지진의 규모를 판단한다. 지진계는 어떤 원리를 통해 지진을 기록하는 것일까?

지진파가 도착하면 지진계는 가만히 멈춰 있는데, 마치 펜이 달달 떨면서 기록하는 것처럼 보인다. 그러나 실제 작동 원리는 그와 반대다. 지진계는 땅에 고정되어 있으므로 지진파 진동 때문에 상하좌우로 흔들리고 기록지 역시 지진계와 함께 흔들린다. 사람 역시 땅 위에 발붙이고 서 있는 상태에서는 지진계와 같은 패턴으로 진동한다. 그러므로 사람의 눈에 진동하는 물체는 정지한 것으로, 정지한 물체는 진동하는 것으로 보인다. 펜이 붙어 있는 관성추는 베어링 선이나 진동을 상쇄하는 부드러운 스프링에 매달려 있어서 거의 움직이지 않는다. 관성의 법칙에 따라 정지 상태를 유지하는 것이다.실제로는 진동이 지속되면 관성추도 조금씩 흔들리기는 한다.

지진파는 실체파body waves와 표면파surface waves로 나눈다. 실체파는 지

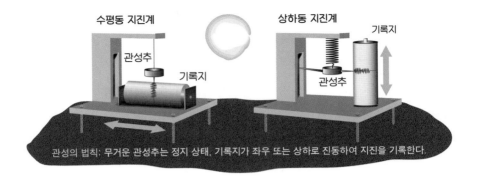

수평동 지진계

관성추

기록지

상하동 지진계

기록지

관성추

관성의 법칙: 무거운 관성추는 정지 상태, 기록지가 좌우 또는 상하로 진동하여 지진을 기록한다.

〈그림 2-1〉 지진계의 원리

구 내부를 지나 지구 반대편까지 전달되지만, 표면파는 수 km 이내의 지표면을 따라 전달된다.

실체파에는 기본 파동이란 뜻의 P파 primary waves와 두 번째 파동이란 뜻의 S파 secondary waves가 있다.

P파가 기본 파동인 이유는 지각 근처에서 초속 5~8km 정도로 가장 빠르게 전파되기 때문이다. 속력이 빠른 대신 지각을 흔드는 위력은 약한 편이다. P파는 고체뿐만 아니라 액체인 물과 기체인 공기에도 진동을 전달한다. P파는 스프링을 잡아당겼다가 놓은 것처럼 수축과 이완을 반복하면서 전달되는 파동이다. P파는 진동 방향과 전달 방향이 같은 종파이므로 푸시 웨이브 push waves; 밀어서 전달되는 파동라는 별명도 가지고 있다.

S파는 지각 근처에서 초속 3~4km 정도의 속력으로 전달된다. 뱀처럼 지그재그로 흔들리며 전달되는 횡파이므로 셰이크 웨이브 shake waves; 흔드는 파동라는 별명도 붙어 있다. 그런데 S파는 고체에만 전달된다. 비틀림에 대한 탄성률이 있는 물질에만 전달되기 때문이다. 액체나 기체는 비틀림에 대한 탄성률이 0이므로 S파가 전달되지 않는다.

표면파는 파동 형태에 따라서 레일리파rayleigh waves, 러브파love waves, 스톤리파stoneley waves 등으로 구분하지만, 마지막에 도착하는 파동이므로 전부를 묶어서 L파last waves라고 한다.

L파는 초속 3km 정도의 속력으로 전달된다. L파는 상하좌우 지그재그로 퍼져나가거나 톱니바퀴가 맞물려 돌아가는 식으로 전달되는 복잡한 파동으로 진폭이 매우 크다. 지진의 큰 피해는 대부분 L파에 의해서 발생한다.

진앙의 결정과 진원의 깊이 결정 방법

지진이 일어나서 지진파가 도착했을 때 진원지는 어떻게 파악할까?

먼저 지진파가 도착하여 지진계에 기록된 모양을 보고 진원 거리를 계산해야 한다. P파와 S파는 속력이 다르므로 먼 거리를 이동할수록 도착 소요 시간에 차이가 난다. 속력이 빠른 P파가 지진계에 먼저 도착하여 기록을 남기기 시작하고 일정 시간이 지나면 S파가 도달하여 기록을 남긴다. 이때 발생하는 시간 차이를 'PS시'라고 한다.

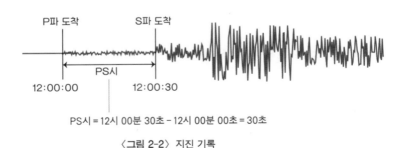

PS시 = 12시 00분 30초 - 12시 00분 00초 = 30초

〈그림 2-2〉 지진 기록

〈그림 2-2〉에 나타난 지진 기록에는 P파가 12시에 도착했고 S파는 12시 00분 30초에 도착했으므로 PS시는 30초가 된다. PS시만 알고 있으면 진원 거

리를 계산하는 것은 어렵지 않다. 시간 = $\dfrac{거리}{속력}$ 공식을 살짝 응용하면 되니까.

PS시는 진원에서 동시에 출발한 P파와 S파가 지진 관측소까지 오는데 걸린 시간 차이이므로 [PS시 = S파가 오는데 걸린 시간 - P파가 오는데 걸린 시간]이다. 이를 식으로 표현하면, [PS시 = $\dfrac{진원 거리}{S파의 속력}$ - $\dfrac{진원 거리}{P파의 속력}$] 이 된다.

따라서,

$$진원\ 거리 = \dfrac{P파\ 속력 \times S파\ 속력}{P파\ 속력 - S파\ 속력} \times PS시^{\bullet}$$

P파의 속력을 8^{km}/s, S파의 속력을 4^{km}/s라고 하면,

PS시가 30초일 때의 진원 거리 = $\dfrac{8 \times 4}{8 - 4} \times 30 = 240(km)$가 된다.

그런데 지진 관측을 한 곳에서만 했을 때는 진원까지의 거리만 알 수 있고, 어떤 방향에서 지진파가 왔는지는 알 수 없다. 그래서 지진 관측은 적어도 세 곳 이상 멀리 떨어진 곳에서 각각 관측하고 공통된 지점을 찾아야 한다.

지진이 발생한 지하 지점을 진원이라고 하고, 진원과 수직을 이루는 지표 상의 지점을 진앙이라고 한다. 진앙은 세 곳의 지진 관측소에서 각각 측정한 진원 거리를 반지름으로 하여 원을 그린 후, 공통현의 교차점을 찾으면 된다.

진앙을 찾으면 진원의 깊이를 작도하여 산출할 수 있다. 지진 관측소$^{\bullet\bullet}$에서 진앙까지 직선을 그린 후, 그 직선에 수직인 현을 그어 현 길이의 2분의 1 길이를 자로 측정하면 된다. 〈그림 2-3〉에서 D 길이가 진원의 깊이다.

$\bullet$ 일차방정식 진원 거리 계산법은 지구 내부로 갈수록 지진파의 속력이 변하므로 오차가 생길 수밖에 없다. 그래서 지진학자들은 지진파의 속력 변화를 고려한 함수와 그래프를 바탕으로 진원 거리를 계산한다.

$\bullet\bullet$ A, B, C 어떤 곳이든 상관없다. 작도하면 동일한 길이가 나온다.

진앙의 결정

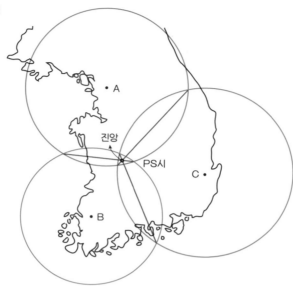

A•

진앙

PS시

C•

B•

진원 깊이

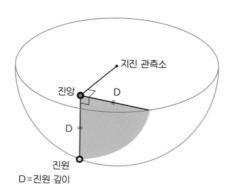

지진 관측소

진앙
D

D =

진원
D=진원 깊이

〈그림 2-3〉 진앙의 결정과 진원 깊이

지진 규모와 진도는 어떻게 다른가

2016년 9월 12일 대한민국 경주에서는 규모 5.8의 지진이 발생하여 전국이 흔들렸다. 다행히도 지진에 의한 사망자는 없었다.

1976년 규모 7.8의 중국 탕산 지진 때는 대다수 가옥과 건물이 붕괴하여 공식 사망자만 24만 2400명으로 집계됐다.

규모 5.8과 규모 7.8은 어떤 차이가 있을까?

지진 규모를 M, 지진 에너지를 E라고 하면, 그 관계를 $\log_{10}E=1.5M+11.8$로 표현한다. 따라서 지진 에너지E는 $10^{1.5M}$에 비례하여 증가한다. 즉 규모가 1 증가하면 지진 에너지는 31.6배$^{10^{1.5}배}$ 증가하고, 규모가 2 증가하면 에너지는 1000배$^{10^{1.5×2}=10^{3}배}$가 증가하는 식이다.

지진 규모magnitude 개념은 미국의 지진학자 찰스 프랜시스 릭터Charles Francis Richter, 1900~1985에 의해서 1930년대에 만들어졌다. 릭터 규모를 결정하는 방법은 〈그림 2-4〉와 같다. PS시가 18초이고 지진파 기록의 최대 진폭이 16mm라면, 해당 축 각 지점에 점을 찍은 후 두 점을 직선으로 연결했을 때 지진 규모의 축과 직선이 교차하는 지점의 값을 읽는다.

지진 규모와 진도는 다른 개념이다.

진도intensity는 땅이 얼마나 심하게 흔들리는지를 나타내는 수치다.

일본 기상청에서 만든 진도 계급은 0~7등급까지로 〈표1〉과 같다.

진도	0	1	2	3	4	5		6		7
						5약	5강	6약	6강	
명칭	무감 (無感)	미진 (微震)	경진 (輕震)	약진 (弱震)	중진 (中震)	강진 (强震)		열진 (烈震)		격진 (激震)

〈 표1 〉 일본의 진도 계급

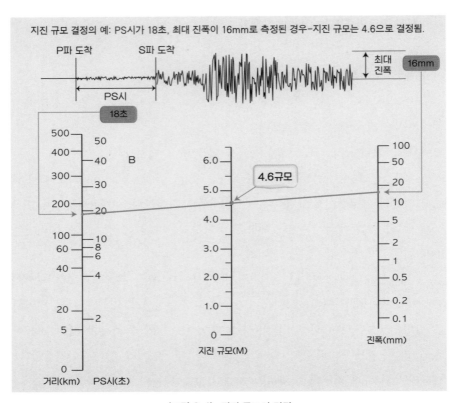

〈그림 2-4〉 지진 규모의 결정

우리나라는 2000년까지 일본 기상청 기준을 사용했지만, 2001년부터는 국제적으로 널리 사용되는 MMI 스케일modified mercalli scale; 수정 메르칼리 계급을 사용한다. MMI 스케일은 1902년 이탈리아 지진학자 주세페 메르칼리Giuseppe Mercalli, 1850~1914에 의해 만들어졌고, 1931년 미국의 해리 우드Harry Wood, 1879~1958와 프랭크 노이만Frank Neumann에 의해 보완되었다. MMI 스케일은 열두 개 등급으로 구성되어 있으며, 지진 피해 정도에 근거를 둔 수치다. 일반적으로 진도는 로마 숫자로 표시한다. MMI 등급 기준은 〈표2〉와 같다.

등급	설명
1	특별히 좋은 상태에서 극소수의 사람을 제외하고는 전혀 느낄 수 없다. 지진계에만 감지되는 경우가 잦다.
2	소수의 사람, 특히 건물 위층에 있는 소수의 사람들만 느낀다. 매달린 물체가 약하게 흔들린다.
3	실내에서 현저하게 느끼는데, 특히 건물 위층에 있는 사람에게 더욱 그렇다. 그러나 많은 사람이 지진이라고 인식하지 못한다. 정지한 차는 약간 흔들린다. 트럭이 지나가는 것과 같은 진동이 있고, 지속 시간이 산출된다.
4	낮에는 실내에 있는 많은 사람이 느낄 수 있으나, 실외에서는 거의 느낄 수 없다. 밤에는 일부 사람이 잠을 깬다. 그릇, 창문, 문 등이 소리를 내며, 벽이 갈라지는 소리를 낸다. 대형 트럭이 벽을 받는 느낌이 든다. 정지한 자동차가 뚜렷하게 움직인다.
5	거의 모든 사람이 지진동을 느낀다. 많은 사람이 잠을 깬다. 그릇, 창문 등이 깨어지기도 하며, 어떤 곳에서는 회반죽에 금이 간다. 불안정한 물체는 넘어진다. 나무와 전신주가 심하게 흔들린다. 추시계가 멈추기도 한다.
6	모든 사람이 느낀다. 많은 사람이 놀라서 밖으로 뛰어나간다. 무거운 가구가 움직이기도 한다. 벽의 석회가 떨어지기도 하며, 피해 보는 굴뚝도 일부 있다.
7	모든 사람이 밖으로 뛰어나온다. 설계 및 건축이 잘된 건물에서는 피해를 무시할 수 있는 정도지만, 보통 건축물에서는 약간의 피해가 발생한다. 설계 및 건축이 잘못된 부실 건축물에서는 상당한 피해가 발생한다. 굴뚝이 무너지며 운전 중인 사람도 진동을 느낄 수 있다.
8	특별히 설계된 구조물에는 약간의 피해가 있고, 일반 건축물에서는 부분적인 붕괴와 더불어 상당한 피해를 일으키며, 부실 건축물은 매우 심한 피해를 본다. 창틀로부터 창문이 떨어져 나간다. 굴뚝, 공장 물품 더미, 기둥, 기념비, 벽들이 무너진다. 무거운 가구가 넘어진다. 모래와 진흙이 약간 분출된다. 우물물의 변화가 있다. 차량 운행이 어렵다.
9	특별히 잘 설계된 구조물에도 상당한 피해를 준다. 잘 설계된 구조물의 골조가 기울어진다. 구조물에 부분적 붕괴와 함께 큰 피해를 준다. 건축물이 기초에서 벗어난다. 지표면에 선명한 균열이 생긴다. 지하 송수관도 파괴된다.
10	잘 지어진 목조 구조물이 부서지기도 하며, 대부분의 석조 건물과 그 구조물이 기초와 함께 무너진다. 지표면이 심하게 갈라진다. 기차선로가 휘어진다. 강둑이나 경사면에서 산사태가 발생하며, 모래와 진흙이 이동한다. 물이 튀며, 둑을 넘어 흘러내린다.
11	남아 있는 석조 구조물은 거의 없다. 다리가 부서지고 지표면에 심한 균열이 생긴다. 지하 송수관이 완전히 파괴된다. 지표면이 내려앉으며, 연약 지반에서는 땅이 꺼지고 지면이 어긋난다. 기차선로가 심하게 휘어진다.
12	전면적인 피해 발생. 지표면에 파동이 보인다. 시야와 수평면이 뒤틀린다. 물체가 공중으로 튀어 나간다.

〈표2〉 MMI 등급 설명*

진도 계급이 있는데, 굳이 지진 규모라는 개념을 만든 이유는 뭘까?

다이너마이트 한 개가 폭발했다고 가정해보자. 다이너마이트가 가까운 곳에서 터졌다면 폭발 소리도 요란하고 근처에 있던 유리창이 깨지는 등 피해가 생길 것이다. 그렇지만 저 멀리 산 너머에서 터졌다면 어떨까? 폭발 소리가 들린다고 해도 매우 작은 소리로 들릴 것이고 유리창도 멀쩡할 것이다. 이때 다이너마이트 한 개의 위력은 지진 규모에 해당하고, 폭발 소리나 유리창의 흔들림은 진도에 해당한다. 즉 지진 규모는 지진이 일어난 장소가 멀리 있거나 가까이 있거나 같은 값이지만, 진도는 진원지에 가까울수록 커지고 멀어질수록 작아지는, 연속적이고 다양한 값을 가진다.

그래서 지진이 일어났을 때 뉴스에서는 규모가 얼마라고 발표하는 것이다. 진도로 발표하면 서울은 얼마, 부산은 얼마, 광주는 얼마, 대구는 얼마, 지역마다 일일이 느낌을 측정하여 온종일 방송을 해야 할지도 모른다.

앞서 살펴본 바와 같이, 지진 규모가 1씩 증가할 때마다 그 위력은 31.6배씩 커진다. 따라서 지진 규모가 4일 때에는 TNT폭탄 15t톤 분량의 폭발력을 지니지만, 지진 규모가 6이 되면 TNT 1만 5000t의 위력이 되고, 지진 규모가 8이 되면 TNT 1500만t히로시마 원자폭탄 750배 에너지의 위력이 된다.

그런데 릭터 규모는 측정의 한계 때문에 강한 지진은 대개 7 정도의 값에 머물고, 지진관측소와 진원지의 거리가 600km가 넘으면 오차가 커지는 단점이 있다. 그래서 한국과 일본은 지반의 수평 운동이 반영되는 별도의 식을 사용하고 있으며, 미국지질조사국은 릭터 규모3.5 이하의 지진일 때 사용와 모멘트 규모3.5 이상의 지진일 때 사용를 함께 사용한다.

---

* 출처 : 한국안전시설공단

지구 속에 도대체 뭐가 있기에?

지진파를 이용하여 지구 내부 들여다보기

P파와 S파는 지구 중심 방향으로 전파되어 지구 반대편까지 전달되는 파동이므로 이를 분석하면 지구 내부 구조를 파악할 수 있다. 지진파의 어떤 특성이 그러한 분석을 가능하게 할까?

파동은 성질이 다른 매질을 통과할 때 속력이 변하고 굴절 또는 반사하는 특성이 있다. 지진파도 마찬가지다. 지구 내부가 양파껍질처럼 여러 겹의 층으로 되어 있다면 층 경계면에서 지진파는 굴절 또는 반사하여 방향이 바뀌고 속력도 달라진다. 또한 지진파의 P파는 고체, 액체, 기체인 매질을 따라 전달되지만, S파는 고체만 전달되기 때문에 지구 내부의 물질 특성을 알아내는 데 귀한 정보를 제공한다.

지진파 연구로 알아낸 지구의 내부는 달걀과 같은 구조였다. 달걀 껍데기는 지각crust, 흰자는 맨틀mantle, 노른자는 핵core에 비유할 수 있다. 핵은 외핵과 내핵으로 구분되는데, 외핵은 액체이고 내핵은 고체 상태다.

외핵보다 내핵의 온도가 더 높을 텐데, 외핵은 액체이고 내핵은 고체인 이유는 뭘까? 물질의 상태는 분자 운동이 얼마나 활발한가에 따라 달라진다. 얼음보다는 물이, 물보다는 수증기 운동이 훨씬 활발한 것처럼 말이다. 우리는 일상의 경험을 토대로 온도만 올려주면 분자 운동이 활발해질 것으로 생각한다. 그러나 '압력'이라는 변수를 함께 고려해야 한다. 압력이 높으면 분자 운동

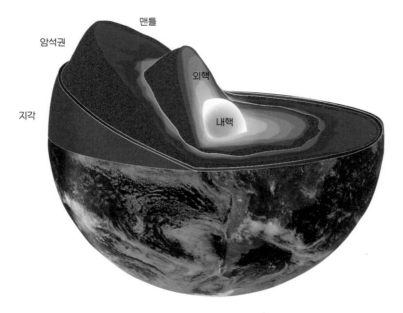

맨틀

암석권

외핵

지각

내핵

〈그림 2-5〉 지구의 내부 구조

이 억제된다. 압력밥솥에서 물이 끓을 때의 내부 압력은 1.2atm기압 정도 되기 때문에 온도가 120℃에 이르러야 비로소 물이 끓는다. 그래서 압력밥솥에서 고기를 익히면 속까지 골고루 잘 익는 것이다.

철질로 이루어진 지구 핵도 온도와 압력 두 가지 변수가 작용하여 물질의 상태가 결정된다. 내핵은 외핵보다 온도가 높지만 압력이 높은 상태이므로 고체 상태인 것이다.

지각과 맨틀의 경계는 어떻게 알았을까?

1909년 유고슬라비아의 지진학자 안드리아 모호로비치치^{Andrija Mohorovičić,}
^{1857~1936}는 지각 아래 수십km 부근에서 지진파 속도가 크게 변하는 부분이
있다는 사실을 알아냈다. 그는 지진파의 속도가 변했다는 사실을 어떻게 알아
냈을까?

거리에 따른 지진파의 도착 소요 시간을 표현한 그래프를 주시곡선^{주행 거}
^{리-시간의 곡선}이라고 한다. 지구 내부가 균질하다면 P파의 주시곡선은 〈그림 2-6,
A〉와 같이 거리에 비례하는 것으로 나타난다.

그러나 성질이 다른 층이 있다면 지진파는 속력이 변할 것이고 주시곡선
은 다른 양상으로 나타난다. 〈그림 2-6, B〉는 지진파의 주시곡선이 꺾여 있다.
주시곡선이 꺾인 구간부터는 예상한 시간보다 지진파가 일찍 도착했음을 의미
한다.

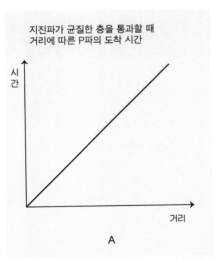

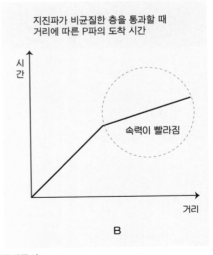

〈그림 2-6〉 주시곡선

지구 내부가 균질하다면 지진파 속도가 변할 리 없는데, 지진파가 무슨 일을 겪은 것일까?

서울지하철 2호선 이대입구 역에서 두 사람이 출발하여 신촌, 홍대입구, 합정역까지 가는 데 걸리는 시간을 생각해보자. 한 사람은 자전거를 타고 한 사람은 지하철을 이용하는 것으로 가정한다.

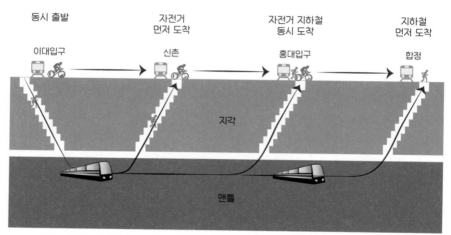

〈그림 2-7〉 지하철과 자전거를 이용하여 이대입구역에서 합정역까지 가는 데 걸리는 시간

이대입구역과 신촌역은 매우 가깝기 때문에 자전거를 타고 가는 것이 더 빠르다. 지하철을 타려면 지하로 내려가야 하고 다시 지상으로 올라와야 하므로 시간이 소요되기 때문이다. 그런데 이대입구에서 두 정거장 떨어진 홍대입구역까지 시합했을 때는 두 사람이 거의 동시에 도착했다. 지하로 내려갔다가 올라오는 데 걸리는 시간을 지하철의 속력으로 상쇄했기 때문이다. 그렇다면 이대입구에서 합정역까지 세 정거장 시합을 했을 때 먼저 도착한 사람은 누구일까? 이 경우 지하철을 탄 사람이 먼저 도착했다. 지하로 내려갔다 오는 데

걸리는 시간을 감안하더라도 지하철을 이용하는 것이 더 빨랐던 것이다.

지진파 도착 소요 시간도 이와 같은 원리가 적용된다. 즉, 지진이 발생한 지점에서 가까운 지역은 지각을 통과한 지진파가 먼저 도착하고, 먼 거리에 있는 지역은 맨틀을 통과한 지진파가 먼저 도착하는 것이다.

맨틀에서 지진파 속력이 빨라지는 이유는 맨틀을 구성하는 암석이 고밀도로 압축되어 탄성률이 크기 때문이다. 이는 공기 중에서보다 물속에서 음파의 속력이 더 빨라지는 것과 같은 이치다.

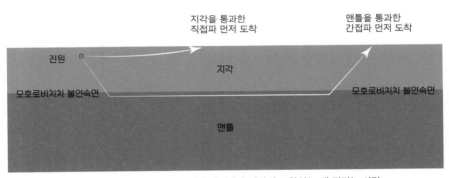

〈그림 2-8〉 지각과 맨틀을 지난 지진파가 지각에 도착하는 데 걸리는 시간

지각과 맨틀의 경계면을 '모호로비치치 불연속면' 또는 줄임말로 '모호면'이라고 한다. 모호로비치치 불연속면은 대륙에서 30~65km 깊이에서 나타나고 해양에서는 5~7km 깊이에서 나타나는 것으로 관측되었다. 이로써 대륙지각의 두께는 30~65km, 해양지각의 두께는 5~7km인 것을 알 수 있다.

대륙지각과 해양지각은 두께만 다를 뿐 아니라 암석의 종류와 밀도도 크게 다르다. 대륙지각은 화강암질의 암석으로 밀도는 약 $2.7g/cm^3$이며, 해양지각은 현무암질의 암석으로 밀도는 약 $3.0g/cm^3$다.

맨틀은 어떤 암석으로 되어 있을까? 맨틀의 물질이 궁금했던 과학자들은 맨틀까지 땅을 뚫는 모홀 계획mohole project을 추진했으나, 기술적으로 매우 어렵고 비용도 많이 들기 때문에 성공하지 못했다. 그렇다면 맨틀의 암석을 어떤 방법으로 알아낼 수 있을까? 지구 내부에서 흘러나오는 용암을 관찰해야 할까?

용암鎔岩, lava은 암석이 녹은 것이므로 그 자체를 연구하기란 매우 어려운 일이다. 용암을 식혀서 성분을 분석하면 대략적인 화학 성분은 짐작할 수 있겠지만, 그것으로 지구 내부의 암석 형태를 재구성할 수 없다. 아이스크림과 초콜릿과 사탕을 섞어서 가열하여 액체로 만든 후 냉동실에 넣어 얼린다고 해서 원래의 형태로 복원되지 않는 것처럼 말이다. 따라서 용암을 연구한다고 해도 맨틀의 암석 상태를 확실히 알기는 어렵다. 그러나 포기하지 말자. 지구 내부에서 올라오는 용암을 자세히 관찰하면 녹지 않은 상태로 올라오는 덩어리인 '포획암捕獲巖, xenolith'을 발견할 수도 있다.

〈그림 2-9〉는 맨틀 포획암의 사진이다. 초록색을 띠는 덩어리는 감람암橄欖岩, peridotite이다. 감람암은 감람석橄欖石, olivine과 휘석輝石, augite pyroxene이라는 광물이 합쳐져 만들어진 암석이다. 감람橄欖은 올리브olive 나무를 뜻하는데, 이는 광물의 초록색이 올리브 나무와 비슷해서 붙여졌다.

맨틀 포획암(이화여대자연사박물관)

감람석 포획암
picssr.com. by James St. John

〈그림 2-9〉 맨틀 포획암

맨틀과 핵, 외핵과 내핵의 경계는 어떻게 알게 되었나?

1914년, 독일 태생의 미국 지진학자 베노 구텐베르크Beno Gutenberg, 1889~1960는 지진파 데이터를 분석하여 지구 내부 2900km 부근에 핵이 있다는 사실을 발견했다.

어떤 지역에서 지진이 발생했을 때 지진파는 지구 전체로 퍼져나간다. 그런데 진앙으로부터 각거리 103°까지는 P파와 S파가 모두 도착하지만, 103°~143°에 해당하는 지역은 지진파가 거의 전달되지 않고, 143°가 넘는 지역은 P파만 도착하는 것으로 관측된다. 이러한 사실은 지구 내부 물질 상태가 크게 달라지는 경계면이 있다는 뜻이다. 만약 지구 내부가 균질한 상태였다면 지진파가 지구 전체에 골고루 전달되어 나타났을 것이다.

진앙으로부터 각거리 103°~143° 지역을 지진파의 암영대暗影帶, shadow zone라고 한다. 구텐베르크는 지진파의 암영대가 나타나는 사실로부터 맨틀과 핵의 경계를 설정하였고, 지구 반대편에는 S파가 전달되지 않고 P파만 전달되는 것으로 보아 핵의 상태는 액체일 것으로 추정했다.

1936년, 덴마크의 지진학자 잉게 레만Inge Lehmann, 1888~1993은 지진 기록을 분석하다가 의문에 휩싸였다.

"이상한데? 핵의 주변부로 통과한 P파보다 핵의 중심 부근을 관통하여 지구 반대편에 도착한 P파의 도착 소요 시간이 예상보다 너무 빨라. 혹시 핵의 중심부는 고체로 되어 있는 것이 아닐까?"

레만은 지진파 데이터를 수십 번 분석했지만 결과는 늘 마찬가지였다. 핵의 중심에 고체인 부분이 있다고 가정하면 중심에서 빨라지는 지진파를 설명할 수 있었는데, 레만은 더욱 자세한 분석을 통해 지진파의 암영대 103°~143°에 해당하는 지역 110° 부근에 약한 P파가 도착한다는 추가적인 증거를 발견했다.

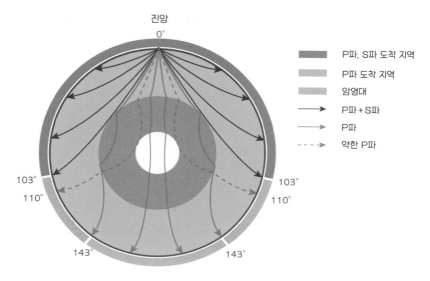

진앙
0°

■	P파, S파 도착 지역
■	P파 도착 지역
■	암영대
→	P파＋S파
→	P파
--→	약한 P파

103°   103°
110°   110°
143°   143°

〈그림 2-10〉 지진파의 경로를 통해 추측한 암영대

　"옳거니! 110° 부근에 나타나는 약한 P파는 핵의 내부에 있는 새로운 경계면에서 반사된 파동이로구나!"

　레만의 발견으로 인해 이전까지 액체로만 여겨졌던 핵은 액체인 '외핵'과 고체인 '내핵' 두 개의 층으로 분할되어 있음을 알게 되었다.

우리가 발 딛고 선 땅이 지금도 움직인다고?

대륙이 움직인다는 사실을 어떻게 알 수 있지?

"거 참, 신기하네. 퍼즐 조각처럼 딱 맞는걸?"

16세기 벨기에의 지리학자 아브라함 오르텔리우스Abraham Ortelius, 1527~1598는 아메리카 동쪽 해안선과 유럽-아프리카의 서쪽 해안선 모양이 일치하므로 원래 두 대륙이 붙어 있다가 떨어져 나간 것으로 추측했다.

1885년 오스트리아의 지질학자 에드워드 쥐스Edward Seuss, 1831~1914는 글로솝테리스Glossopteris 식물 화석 분포를 연구하여 과거에는 커다란 두 개의 대륙이 있었을 것으로 추정했다.

"글로솝테리스는 기후에 민감한 식물인데, 아프리카와 아메리카, 인도, 호주에서도 화석이 발견되었단 말이지. 남반구 대륙들은 한 덩어리였던 것 같아. 곤드와나Gondwana라고 이름을 붙이자. 북반구 대륙은 전설의 섬 아틀란티스Atlantis 이름을 따는 것이 좋겠어. 두 대륙 사이에는 테티스Tethys라는 바다가 있었고 말이지. 멋진 이름이야, 하하."

독일 기상학자 알프레드 베게너Alfred Wegener, 1880~1930는 대학도서관에서 식물 화석의 분포에 관한 논문을 읽다가 의심이 들었다.

"두 대륙 사이에 육교가 있었기 때문에 식물 화석이 일치하는 것이라고? 에이, 육교가 있었다면 왜 가라앉아? 육교가 갑자기 무거워져서? 그건 지각평형의 논리에 맞지 않아. 가만…, 아프리카 해안선과 아메리카 해안선의 모양이 기막히게 일치하잖아!"

베게너는 1912년 1월 독일 프랑크푸르트에서 열린 학회에서 "대륙은 원래 한 덩어리였으나 분리된 것으로 보인다"는 주장을 펼쳤다. 남들이 생각하지 않던 과감한 주장은 그것이 진실로 보이든 그렇지 않든 일단 반대에 부딪히게 마련이다. 특히 지질학자들은 냉소를 날렸다.

"젊은 기상학자 나부랭이가 대륙 이동을 주장해? 뭘 믿고 나대는 거야."

"기후학자 쾨펜이 지지한다던데요?"

기후학자 블라디미르 쾨펜Wladimir Peter Köppen, 1846~1940은 열대, 온대, 한대의 기후구를 구분한 학자로 독일 기상학의 대부로 추앙받고 있었다. 베게너는 이듬해 쾨펜의 딸과 결혼하여 그의 사위가 되었다.

베게너는 1915년 《대륙과 해양의 기원The Origins of Continents and Oceans, 1915》이라는 책을 발간했다. 그는 식물 화석의 연구를 비롯하여 남극에서 발견된 석탄층, 남아메리카, 아프리카, 인도, 오스트레일리아에 걸쳐 나타나는 빙하의 흔적, 암석과 산맥 지질 구조의 유사성 등을 증거로 제시했다. 그는 모든 대륙이 하나로 합쳐져 있던 고생대 말 초대륙의 이름을 '판게아Pangea'라고 이름 붙였다.

베게너가 제시한 화석의 증거로는 이미 알려진 식물 화석 글로솝테리스를 비롯하여 메소사우루스mesosaurus, 리스트로사우루스lystrosaurus, 키노그나투스cynognathus 파충류 화석도 포함되었다.

빙하가 이동할 때는 암석들의 마찰로 인해 암반에 긁힌 자국이 남는다. 대륙을 합쳐 놓았을 때 빙하가 이동한 경로 자국도 일치했다. 열대 지방의 대륙에서 발견되는 빙하의 흔적은 대륙 이동설을 입증하는 강력한 증거가 되었다. 암염이나 석탄처럼 더운 기후에서만 생성되는 암석이 추운 지역에서 발견된다는 사실도 대륙 이동의 증거로 제시되었다.

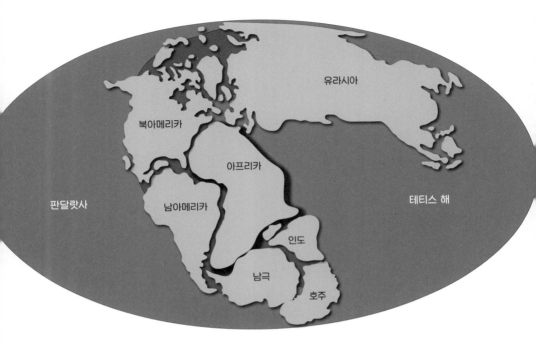

〈그림 2-11〉 판게아

　　기후학자인 베게너가 고기후학적인 증거를 비롯하여 고생물학적 증거, 지
질학적 증거 등을 제시한 것은 학문 분야에 얽매이지 않고 자유롭게 통합적
으로 사고한 덕분이다. 그렇지만 자기 분야의 학문만을 고집하며 텃세 부리는
과학자들에게 베게너는 미운 오리 새끼나 다름없었다. 베게너의 대륙 이동설
을 찬성하는 사람은 극소수였고 대다수 학자는 혐오감을 드러냈다.

　　미국의 저명한 지질학자 토머스 체임벌린Thomas Chrowder Chamberlin, 1843
~1928은 베게너의 대륙 이동설을 접하고 다음과 같이 말했다.

　　"만일 베게너의 가설을 믿는다면, 우리는 과거 70년 동안 배운 모든 것을
잊어버리고 처음부터 다시 시작해야 한다."

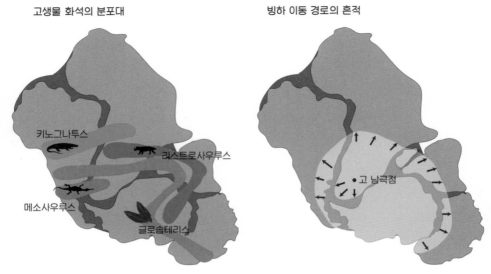

고생물 화석의 분포대   빙하 이동 경로의 흔적

키노그나투스

리스트로사우루스

메소사우루스

글로솝테리스

고 남극점

〈그림 2-12〉 대륙 이동설의 증거

지질학자들은 반격을 준비했다.

"베게너 씨, 당신이 제시한 대로 대륙이 원래 하나였다가 갈라졌다고 가
정합시다. 그렇다면 대륙을 이동시킨 힘은 무엇입니까? 토르의 망치로 대륙을
내려치기라도 했소?"

베게너는 머리를 긁적이며 말했다.

"아마도 달의 조석력 같은 힘이 아닐까요?"

그러자 한 과학자가 비웃으며 말했다.

"달의 힘이 대륙을 이동시킬 정도로 강하다면, 지구는 하루도 못 가서
자전을 멈추고 말 텐데요? 말이 되는 소리를 해야지요."

"하하하하."

베게너는 대륙을 이동시키는 힘의 근원이 무엇인지 몰랐고, 다른 학자들

도 마찬가지였다. 원래 베게너는 극지 탐험가였고 극지 대기 연구에 관한 권위자였다. 하여 그는 대기학 연구를 위해 1930년 그린란드로 네 번째 원정을 떠났다. 그러나 베게너는 50세 생일인 1930년 11월 1일, 젊은 동료 라스무스 빌룸젠Rasmus Villumsen과 함께 보급품을 챙기러 기지를 떠난 뒤 영영 돌아오지 못했다. 그의 시신은 이듬해 5월 정성스럽게 침낭에 싸인 채 발견되는데, 아마도 심장마비로 사망한 그를 빌룸젠이 고이 묻어주었던 것으로 보인다. 그런데 빌룸젠 또한 영영 돌아오지 못했으니 그린란드의 매서운 눈보라가 그를 덮었을 것으로 짐작할 뿐이다.

대륙은 어떤 힘으로 움직일까?

베게너가 죽기 1년 전인 1929년, 영국의 지질학자 아서 홈스Arthur Holmes, 1890~1965는 맨틀 대류가 대륙 이동을 가능하게 한다는 '맨틀 대류설'을 제안했다. 방사성 원소의 붕괴열과 지구의 핵에서 올라오는 열로 인해 온도 차가 생기고 이로 인해 맨틀이 서서히 대류 한다는 것이 맨틀 대류설의 요지다. 그 시대에 지금처럼 인터넷이 발달했다면 베게너가 홈스의 맨틀 대류설을 듣고

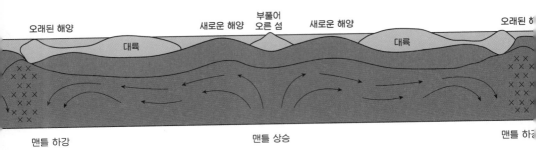

〈그림 2-13〉 아서 홈스의 맨틀 대류설

'좋아요' 버튼을 백 번은 눌렀을 텐데, 베게너는 먼 곳에 있었기 때문에 홈스의 맨틀 대류설에 대해 듣지 못했을 것이다.

홈스의 맨틀 대류설은 맨틀 상승류가 있는 곳에 해령이 발달하고 중앙에서 용암이 흘러나와 현무암玄武岩, basalt 지각을 만들면서 양쪽으로 이동하며, 해양지각이 대륙 연변부에 이르면 지구 내부로 침강한다는 것이다. 홈스의 이러한 가설은 40년 후 판 구조론의 원동력을 설명하는 중요한 원리로 받아들여지지만, 당시에는 맨틀 대류의 증거가 미약했기 때문에 과학자들은 큰 관심을 보이지 않았다.[*]

해저 확장설은 사실인가?

1920년대부터는 음파를 이용한 해저 지형 탐사가 이루어지기 시작했다. 1940년대에는 대서양 중앙 해령海嶺, mid-ocean ridge; 해저 산맥이 발견되었고, 1950년대에는 해령과 열곡裂谷, rift Valley, 해구海溝, trench를 포함한 해저 지형도가 완성되었다.

해령의 모습은 육지의 어떤 산맥에서도 볼 수 없는 기묘한 구조였다. 폭은 2000km가 넘고 그 가운데를 따라 20km 너비의 긴 골짜기가 이어지는 형태의 해령은 대서양 한가운데를 따라 끝없이 이어지다가 인도양과 태평양으로 연결되며 6만km 넘는 길이로 뻗어 있었다.

바다에서 가장 깊은 곳은 바다 한가운데가 아니라 대륙에 가까운 해구였다. 해구는 수심 6km 이상의 깊은 골짜기로 주로 대륙의 가장자리를 따라 평행하게 분포한다.

---

[*] 2002년 결성된 유럽지질과학협회EGU는 그의 공로를 기리며 뛰어난 업적을 보인 지질학자에게 매년 '아서 홈스 메달'을 수여한다.

1950년대는 해저 지형에 관한 여러 가지 사실들이 속속 밝혀졌는데 중요한 내용을 간추리면 다음과 같다.

- 해양지각의 두께는 6km 내외로 대륙지각보다 매우 얇다.
- 해령에서 멀어질수록 수심이 점차 깊어진다. 해령의 수심은 약 2km, 해양대지의 수심은 약 4km, 해구의 수심은 6km 이상이다.
- 해령 주위는 퇴적물이 거의 쌓이지 않고 해구 쪽으로 갈수록 퇴적물의 두께가 증가한다.
- 해령은 생성된 지 얼마 되지 않은 젊은 현무암으로 되어 있으며, 해령에서 멀어질수록 암석의 나이가 증가한다. 해양지각에서 가장 오래된 암석도 2억 년보다 젊다.
- 해령의 지각 열류량지구 내부에서 흘러나오는 열량은 해구보다 5~6배 이상 높다.
- 해령을 따라 천발지진진원의 깊이가 얕은 지진이 자주 발생한다.

1960년 해리 헤스Harry Hammond Hess, 1906~1969는 그동안 밝혀진 해양지각에 대한 사실들을 기초로 해저 확장을 설명하는 논문 초고를 사람들에게 배포했다. 논문의 요지는 지구 내부 맨틀에서 대류가 일어나고 있으며, 해령을 따라 뜨거운 용암이 올라와 현무암을 만들고 이동하여 대륙 연변부에 이르면 침강하여 지구 내부로 사라진다는 것이다.

1961년 로버트 디에츠Robert Sinclair Dietz, 1914~1995는 해저 확장에 관한 논문을 〈네이처〉지에 기고하면서 '해저 확장설seafloor spreading'이라는 용어를 사용했다.

자성을 가지는 광물들은 나침반의 바늘처럼 남북 방향을 가리킬 수 있다. 물론 자성을 가진 광물일지라도 딱딱한 암석에 아무렇게나 박혀 있다면

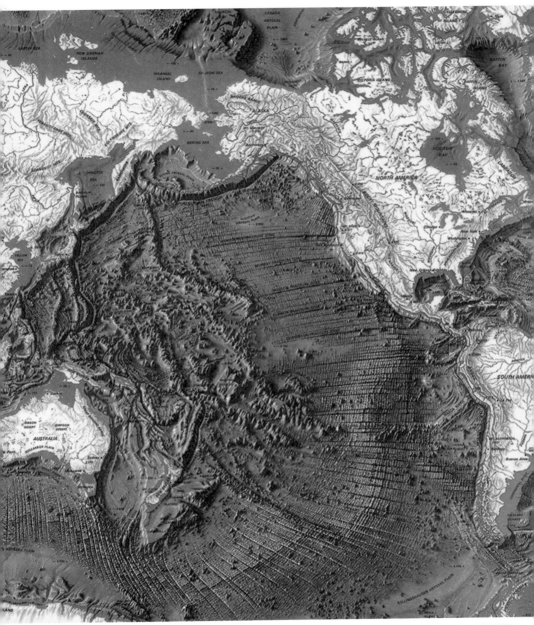

〈그림 2-14〉 해저 지형도

꼼짝 못 하겠지만, 물에서 퇴적될 때나 용암 속에서 천천히 식으며 굳는 경우에는 자기장의 영향을 받아 일정 방향을 가리키며 정렬한 채로 기록을 남긴다.

1960년대에는 과거에 만들어진 암석에 남은 자기 기록을 읽어내는 기술이 개발되었다. 그 기술로 암석에 함유된 자성 광물의 배열 방향과 각도를 측정하여 여러 가지 연구에 활용하는 것이다. 이와 관련한 학문 분야를 고지구자기학이라고 한다. 고지구자기학 연구를 통해 과학자들은 지구 자기장의 방향과 세기가 지질시대 동안 수시로 변했으며 N극과 S극의 방향이 반대로 뒤바뀐 적도 여러 차례라는 사실을 파악했다.

당시 과학자들은 유럽과 아메리카의 암석을 대상으로 고지구자기를 측정했는데, 그 결과 6억 년 전 적도 근처에 있던 자기북극이 현재의 극지방 쪽으로 이동한 것으로 나타났다.

과학자들은 자기극이 이동한 것인지, 대륙이 이동한 것인지 확신할 수 없었다. 대륙은 이동할 수 없다고 믿는 학자들은 자기극이 이동한 결과로, 대륙이동을 믿는 학자들은 대륙이 이동한 결과로 각각 다르게 해석했다.

그런데 자기극의 이동 경로가 2억 년 전부터 두 개의 경로로 갈라져 이동했다는 사실이 추가로 밝혀졌다.

자기북극이나 자기남극은 각각 한 개씩만 있어야 마땅하다. 그렇다면 이는 대륙이 갈라져 이동했기 때문에 나타난 결과로 해석할 수밖에 없다. 결국 고지구학을 연구하는 학자들은 자기극의 이동이 대륙이 갈라져 이동했기 때문으로 결론을 내렸다. 물론 자기극의 위치는 지금도 매년 조금씩 움직이고 있어서 자기극이 이동할 수 있기는 하다. 그러나 자기극이 이동한다고 해도 두 개의 자기북극이 존재할 수는 없으므로 대륙이 갈라져 이동한 사실을 부인할 수는 없었다.

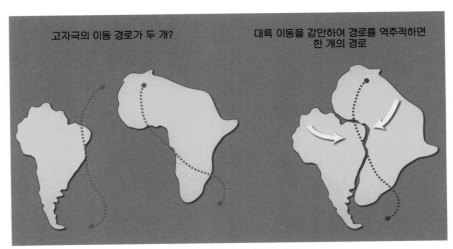

고자극의 이동 경로가 두 개?

대륙 이동을 감안하여 경로를 역추적하면 한 개의 경로

〈그림 2-15〉 고자극의 이동 경로

　비슷한 시기에 대략 100만 년 주기로 여러 번 지구의 자기장 방향이 뒤바뀌었다는 사실도 밝혀졌다. 이유는 알 수 없었지만 지질시대 동안 지구의 N극과 S극이 여러 번 바뀌었고, 그 기록은 암석에 남아 있었다. 현재의 지구 자장 방향과 같은 시기를 정자극기, 현재와는 반대로 자장이 형성된 시기는 역자극기라고 부른다.

　그런데 해령 주변 암석의 고지구자기를 측정한 결과 정자극기와 역자극기의 암석 분포가 해령 축을 중심으로 좌우 대칭이라는 사실이 발견되었다. 〈그림 2-16〉는 대서양 아이슬란드 근처 해저에 나타난 해령의 자기 줄무늬를 나타낸 것이다. 바코드처럼 보이는 줄무늬는 정자극기과 역자극기에 해당하는 암석층의 대칭적인 모습이다.

　줄무늬는 해령에서 흘러나온 용암이 굳어 양쪽으로 이동하면서 생기는 데칼코마니 그림이나 다름없었다. 즉, 해령에서 생성된 암석이 당시의 자기장 방향으로 배열되어 굳은 후 차차 양쪽으로 이동하고, 지구 자기의 역전이 일

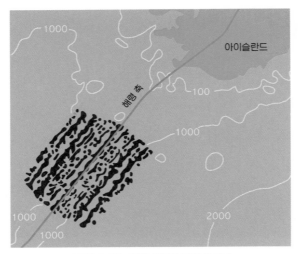

〈그림 2-16〉 해령 주변의 자기 줄무늬

400만 년 전

300만 년 전

200만 년 전

현재

⊞	정자극기
⊟	역자극기

〈그림 2-17〉 해령 주변 고지구자기 줄무늬의 이동

어난 시기에 생성된 암석은 역방향으로 자화되며 굳어서 이동하는 식의 반복적인 패턴이 약 100만 년의 간격으로 진행된 것이다.

해령 주변 고지구자기의 줄무늬 대칭 현상은 해령에서 흘러나온 용암이 굳으면서 양쪽으로 조금씩 이동하여 생긴 것이므로 해저확장설의 결정적인 증거 자료로 제시될 수 있었다.

하와이 섬은 다섯 개의 화산이 비좁은 뗏목에 올라탄 친구들처럼 등을 맞대고 있다. 그 화산 중에서 북부에 위치한 코할라, 마우나케아, 후알랄라이는 몇 천 년 전에 화산활동을 했고, 중남부에 위치한 마우나로아, 킬라우에아는 현재도 펄펄 끓는 용암과 뜨거운 김을 뿜고 있다.

하와이 섬을 벗어나 북서 방향으로 시선을 돌리면 마우이, 라나이, 몰로카이, 오하우, 카우아이, 니이하우 같은 화산섬들이 일렬로 있다. 그 섬들 역시 화산활동 때문에 형성되었는데, 하와이보다 나이 많은 섬으로 북쪽으로 가면서 200만 년, 400만 년, 500만 년, 700만 년…, 점점 나이가 많아진다. 더욱 북쪽으로 가면 옛날에는 섬이었다가 바닷속으로 잠수하여 해산海山이 되어버린 화산도 있다. 그 해산들의 나이는 1000만 년에서 6200만 년 정도 된다. 해산들 역시 북쪽에 있을수록 생성 연대가 오래되었다.

1960년, 캐나다 출신의 지질학자 존 윌슨John Tuzo Wilson, 1908~1993은 이와 같은 하와이 군도의 형성이 해양판의 이동과 밀접한 관련이 있음을 밝혔다. 윌슨은 하와이 섬을 뜨거운 점과 같다고 여겨서 '열점hot spot'이라 명명하고 지구 내부에서 뜨거운 물질이 상승하는 지점으로 추정했다. 상승하는 맨틀 대류의 덩어리에는 '플룸plume'이라는 용어를 사용했다.

지구 내부로부터 마그마가 상승하는 열점은 고정되어 있고 이따금 용암을 뿜어내어 화산섬을 만든다. 그러니까 열점은 화산섬을 생산하는 공장인 셈이다. 그리고 그 화산섬은 컨베이어 벨트에 올려놓은 물건처럼 시간의 흐름

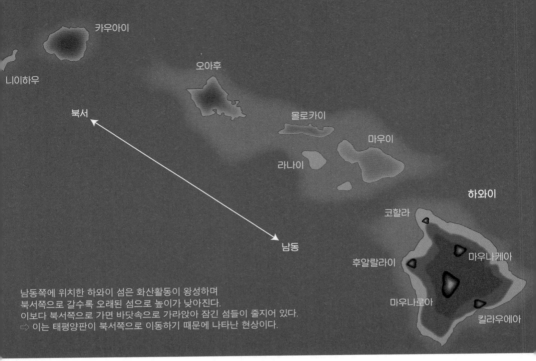

카우아이

니이하우

오아후

북서

몰로카이

마우이

라나이

남동

하와이

코할라

후알랄라이

마우나케아

마우나로아

킬라우에아

남동쪽에 위치한 하와이 섬은 화산활동이 왕성하며
북서쪽으로 갈수록 오래된 섬으로 높이가 낮아진다.
이보다 북서쪽으로 가면 바닷속으로 가라앉아 잠긴 섬들이 줄지어 있다.
⇨ 이는 태평양판이 북서쪽으로 이동하기 때문에 나타난 현상이다.

〈그림 2-18〉 하와이 군도

에 따라 이동한다. 1년에 약 5cm씩 움직이는 태평양 지각이 컨베이어벨트 역할을 하는 것이다.

열점에서 멀어지면 암석이 식으면서 바다의 수심도 깊어지므로 섬은 점차 가라앉는다. 그 과정에서 파도의 침식이 진행되어 산의 정상부가 깎이고 넓은 운동장처럼 평평해진다. 이와 같은 과정을 거쳐서 형성된 해저의 산을 '평정해산' 또는 '기요guyot'라고 부른다.

윌슨은 움직이는 지구의 표면을 '판plate'이라고 불렀는데, 1968년 구조론tectonics이라는 용어가 덧붙여져서 '판 구조론plate tectonics'이 탄생했다. 1912년 베게너가 설계한 대륙 이동설을 주춧돌로 하여 50여 년 후 판 구조론이라는 건축물이 지어진 것이다. 윌슨은 측지학 및 지구물리학회 의장직을 맡는 등 왕성한 활동을 하면서 판 구조론을 널리 알렸기 때문에 훗날 판 구조론의 아

열점은 고정되어 있고 화산 분출로 형성된 섬은 판을 따라 이동한다.
판이 침강하면서 수심이 깊어지므로 섬의 정상부가 수면에 잠기는
과정에서 파도에 의한 침식을 받아 평정해산이 만들어진다.

섬의 연령 증가

평정해산

마그마 플룸 상승

열점

〈그림 2-19〉 평정해산이 만들어지는 과정

버지라는 영광스러운 별명도 얻었다.

판 구조론으로 지구의 모든 지각 변동 설명하기

판 구조론은 지표에서 일어나는 거의 모든 지각 변동을 훌륭하게 설명한
다. 히말라야 산맥이나 안데스 산맥과 같은 거대한 습곡산맥이 어떻게 만들어
지는지, 일본이나 필리핀 같은 호상열도는 왜 깊은 해구와 평행하게 발달하는
것인지, 바다의 해저 산맥인 해령은 왜 두 줄기의 산맥으로 발달하는 것인지,
지진과 화산활동은 왜 특정한 지역에 띠처럼 나타나는 것인지, 홍해처럼 좁던
바다가 어떻게 대서양처럼 넓은 바다로 변하는 것인지, 과거의 대륙 형태는 어
떠했는지, 또 미래의 대륙 분포는 어떻게 될 것인지 하는 등등의 모든 지각 변

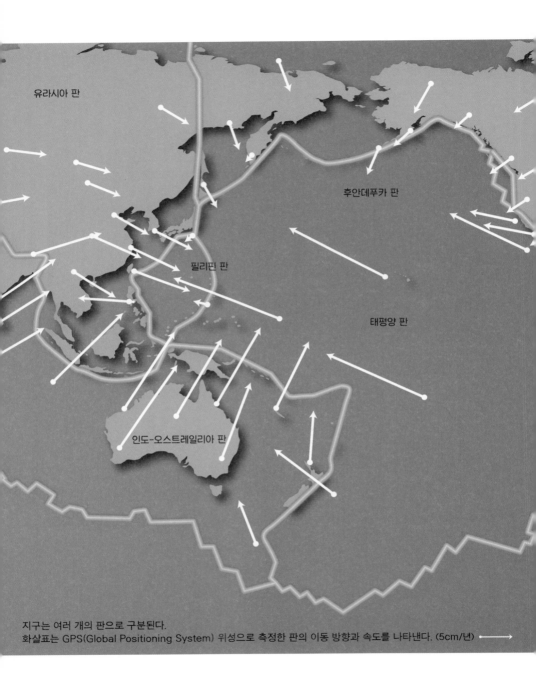

유라시아 판

후안데푸카 판

필리핀 판

태평양 판

인도-오스트레일리아 판

지구는 여러 개의 판으로 구분된다.
화살표는 GPS(Global Positioning System) 위성으로 측정한 판의 이동 방향과 속도를 나타낸다. (5cm/년)

북아메리카 판

유라시아 판

아라비아 판

아프리카 판

카리브 판

코코스 판

남아메리카 판

나즈카 판

스코티아 판

남극 판

〈그림 2-20〉 판 구조론

동에 대해서 말이다.

지구의 표면은 10여 개의 판으로 구분된다.

〈그림 2-20〉에 나타난 것처럼 판의 크기와 모양은 전부 다르다. 태평양판이나 유라시아판처럼 크기가 큰 판도 있고, 후안데푸카 판이나 카리브 판처럼 작은 판도 있다. 판들은 이동한다. 판들의 이동 속도와 방향은 각각 다르지만 일 년에 수 cm씩 이동하고 있으며 전체적으로는 아시아를 중심으로 모여드는 모양새다. 그래서 학자들은 약 2억 년 후에는 아시아를 중심으로 거대한 슈퍼 대륙이 만들어질 것으로 예상하고 아마시아amasia라는 이름까지 미리 지어 놓았다. 그때가 되면 호주 대륙이 북상하여 일본과 충돌하면서 거대한 산맥을 만들고 동해는 호수가 될 것이다.

판의 경계는 해령과 열곡처럼 판이 벌어지며 멀어지는 발산 경계發散境界, divergent boundary, 해구처럼 판이 충돌하는 수렴 경계收斂境界, convergent boundary, 변환단층처럼 판이 서로 비껴가며 어긋나는 변환 경계變換境界, transform boundary* 가 있다. 각 경계의 이동 형태는 〈그림 2-21〉과 같다.

판의 두께는 얼마나 될까? 지구의 암권을 지각-맨틀-외핵-내핵으로 구분하는 것에 익숙한 사람들은 '아마도 지각이 이동한 것이겠지…' 하고 짐작하지만, 실제로 판의 평균 두께는 약 100km로 지각보다 세 배 정도 두꺼운데 이를 '암석권lithosphere, 판'이라고 한다. 즉, 판의 상부 3분의 1은 지각이고, 판의 하부 3분의 2는 맨틀 일부를 포함한다. 암석권을 받치는 층은 '연약권asthenosphere'이라고 한다. 지진파 분석에 따르면 연약권은 상부 맨틀 100~400km 범위에 있는 것으로 알려져 있다.

지각 근처에서 발생한 지진파가 지구 내부로 전달될 때는 깊이에 따라 속

---

* 변환 경계는 판의 생성이나 소멸이 일어나지 않는 곳이어서 보존 경계라는 말로도 불린다.

발산 경계　　　　　　　수렴 경계　　　　　　　변환 경계

〈그림 2-21〉 판의 경계

도가 증가한다. 지구 내부로 갈수록 압축된 암석의 탄성률이 증가하기 때문이다. 그러나 지진파가 연약권을 통과할 때에는 갑자기 브레이크를 밟은 것처럼 속도가 느려진다. 그와 같은 지진파 감소 부분을 '지진파 저속도층'이라고 하는데, 이는 연약권이 부분 용융 상태라는 것을 암시한다. 1300℃가 넘는 고열 상태에서 연약권이 더운 날의 엿처럼 물렁물렁해진 것이다. 따라서 과학자들은 연약권이 대류 할 것으로 추정하고, 이러한 대류가 판을 움직이는 원동력 중 하나일 것으로 추측한다.

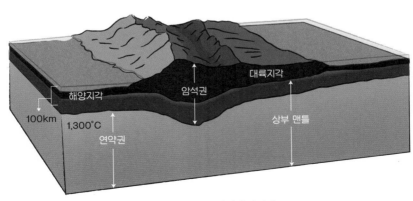

〈그림 2-22〉 암석권과 연약권

수렴 경계 1: 일본이 가라앉을 거라는 소문은 사실일까?

일본 가까운 곳에는 일본열도에 평행하게 해구가 발달해 있다. 일본 해구는 수심이 7000~8000m에 이르는 깊은 골짜기로 가장 깊은 곳은 8020m인 것으로 알려져 있다. 이처럼 엄청나게 깊은 골짜기가 일본 가까이 발달해 있고 게다가 일본을 뒤흔드는 지진과 화산활동도 빈번하니 일본이 가라앉을지도 모른다는 소문이 날 만도 하다. 그런데 일본이 가라앉을 가능성이 1%라도 있을까? 이를 판단하려면 판 경계에서 일어나는 지각 운동의 원리를 파악해야 한다.

한반도와 일본은 유라시아판 동쪽에 있다. 특히 유라시아판 동쪽 끝자락에 있는 일본은 세 개의 판이 충돌하는 경계에 있다. 일본은 유라시아판에 속하지만, 일본 해구를 경계로 동쪽에는 태평양판이, 일본 남부에는 필리핀판이 접한다. 태평양판은 북서 방향으로 이동하면서 유라시아판에 충돌 섭입하며 일본 해구와 쿠릴-캄차카 해구를 만들었고, 필리핀판에 충돌 섭입하며 마리아나 해구, 이주-오가사와라 해구를 만들었다. 섭입攝入, subduction은 '당겨져 끌려들어 간다'는 뜻이다. 판의 섭입 각도는 45° 정도인 것으로 알려져 있다. 태평양판이 유라시아판과 필리핀판 밑으로 섭입하는 이유는 태평양판의 암석 밀도가 상대적으로 높기 때문이다. 만약 태평양판의 밀도가 유라시아판의 밀도보다 작았다면 태평양판이 위로 올라탔을 것이다.

태평양판은 필리핀판 밑으로도 섭입하면서 깊이가 11,034m나 되는 마리아나 해구와 9810m인 이주-오가사와라 해구를 만들었다. 이 정도면 대륙의 최고봉 에베레스트산8848m이 풍덩 잠수해도 한참 가라앉아야 바닥에 닿는다.

아시아의 태평양 해구 근처에는 섬들이 평행하게 줄지어 있다. 북쪽에서부터 알류산열도, 쿠릴열도, 일본열도, 순다열도로 계속 이어지는 섬들을 지도에서 보면 커다란 호의 형태로 보이기 때문에 '호상열도弧狀列島, island arc'라는

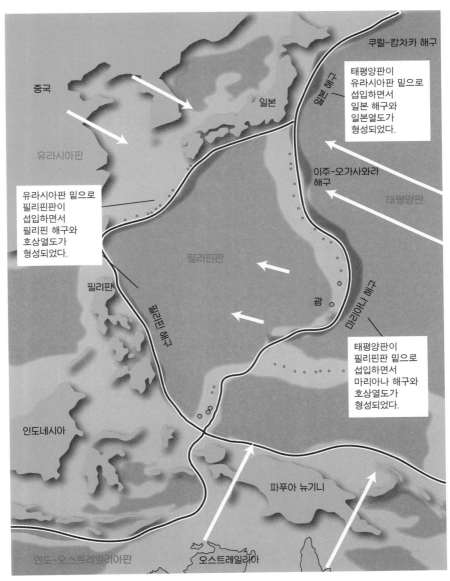

중국

유라시아판

유라시아판 밑으로
필리핀판이
섭입하면서
필리핀 해구와
호상열도가
형성되었다.

필리핀판

필리핀

인도네시아

인도-오스트레일리아판

일본

쿠릴-캄차카 해구

태평양판이
유라시아판 밑으로
섭입하면서
일본 해구와
일본열도가
형성되었다.

이주-오가사와라
해구

태평양판

곰

태평양판이
필리핀판 밑으로
섭입하면서
마리아나 해구와
호상열도가
형성되었다.

파푸아 뉴기니

오스트레일리아

〈그림 2-23〉 태평양판이 유라시아판, 필리핀판과 접한 모습

이름으로 불린다.

해구와 호상열도는 왜 평행하게 발달할까?

〈그림 2-24〉는 해구와 호상열도의 형성 과정을 묘사한 것이다. 판과 판이 충돌한 지역이 찌그러지면서 호상열도를 만들었다. 밀도가 더 큰 판이 밀도가 작은 판 밑으로 섭입하여 지하 수십 km에 이르면 온도의 상승으로 인해 섭입대 부근에서 마그마가 만들어진다. 액체와 기체를 많이 포함한 마그마는 주위 암석보다 가벼워서 위로 떠올라 용암을 분출하며 호상열도를 만든다.

해구에서 섭입대로 침강한 암석이 원래부터 지하에 있던 암석보다 뜨거운 것은 아닐 텐데, 마그마가 만들어지는 까닭은 뭘까?

섭입대의 온도가 같은 깊이의 다른 지역 온도보다 더 높을 만한 이유는 없다. 오히려 해구에서 냉각된 암석이 침강하는 과정이므로 맨틀 상승류가 있는 해령이나 열점에 비해서는 차갑다. 대신 섭입대에는 마그마가 만들어지는 특별한 조건이 있다. 그 조건은 바로 물의 함량이다. 해구로 침강하는 암석은 높은 수압으로 인해 충분한 물을 함유하고 있다. 물이 포함된 암석은 물이 없는 경우보다 쉽게 녹는 특성이 있다. 물이 없는 상태에서는 1200℃에서도 녹

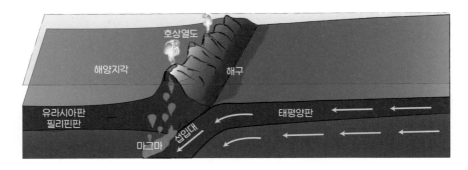

〈그림 2-24〉 수렴 경계 1: 섭입대를 따라 지진이 자주 발생하고 마그마가 만들어진다.
판의 일부가 찌그러지면서 호상열도가 생성되었고 화산활동이 일어난다.

지 않던 암석이 물로 포화하면 용융점이 떨어지기 때문에 1000℃가 못 되는 상태에서도 녹아버린다. 즉 섭입대는 물을 포함한 암석이 침강하다가 암석권 하부 가까이에 이르면 가열되어 마그마가 만들어지는 것이다. 녹은 마그마가 상승하는 과정에서 상부 판의 암석도 일부 녹으므로 두 판의 암석 성분이 혼합되어 중성의 마그마가 만들어지는 경우가 흔하다. 해양지각의 고철질 현무암과 대륙지각의 규장질 화강암이 섞여서 중성 안산암安山岩, andesite질 마그마가 만들어진다.

정리하면, 태평양판이 유라시아판과 필리핀판 밑으로 섭입하면서 해구를 만들고, 물을 포함한 암석은 섭입대에서 녹아 마그마를 만들고, 그 마그마가 화산활동을 하며 호상열도를 만든다.

그런데 섭입대의 깊이는 약 700km 깊이까지 존재하고 그 이후는 경계가 사라지는 것으로 보인다. 지진이 발생하는 진원의 깊이가 최대 700km 정도까지인 것으로 관측되기 때문이다. 해구 근처에서는 얕은 심도의 천발지진진원 깊이 70km 미만이 일어나지만, 비스듬하게 깊어지는 섭입대를 따라서 중발지진진원 깊이 70~300km 미만, 심발지진진원 깊이 300~700km이 일어난다. 즉 일본 동부 쪽에서는 천발지진이 주로 발생하고, 일본 서부에서 동해 쪽으로 오면서 지진이 일어나는 깊이가 깊어지는 것이다.

일본은 판의 충돌 지역에서 위로 솟아오른 화산 열도다. 처음의 질문으로 돌아가, 일본이 가라앉을 가능성이 있을까? 앞서 오스트레일리아가 북진하여 한국, 일본, 중국과 충돌하는 2억 년 후에는 일본이 아마시아 대륙의 높은 산맥이 될 거라는 학자들의 예상을 소개했다. 어떤 예상이 더 타당해 보이는가? 일본 침몰설? 아니면 일본 상승설?

지금부터 1억 5000만 년 전에는 한반도도 적도 근처에 있었다. 그래서 따뜻한 기후를 좋아하는 공룡이 많이 살았다. 대륙은 떠돌아다니며 합쳐지고 분리되는 역사를 3억 년 정도의 주기로 반복하는데, 이를 판 구조론을 제창한 윌슨의 이름을 따서 '윌슨 주기'라고 한다.

수렴 경계 2 : 지구의 거대한 산맥들은 수렴 경계에서 탄생한다

히말라야 산맥에는 세계에서 가장 높은 산 에베레스트초모랑마를 비롯하여 K2카라코람 지역에 위치, 칸첸중가, 로체, 마칼루, 초오유, 다울라기리, 마나슬루, 낭가파르바트, 안나푸르나 등 8000m 이상 고봉이 즐비하다.

이렇게 높은 산들은 유라시아판과 인도판의 충돌로 수천만 년에 걸쳐서 형성되었다. 히말라야 산맥은 과거에 테티스라는 바다였기 때문에 암모나이트, 조개류와 같은 바다 생물 화석이 출토된다. 아마도 처음 바다 생물 화석을 본 사람들은 어리둥절했을 거다. "뭐지? 등반가들이 조개탕을 끓여 먹고 버린 건가?" 하고 말이다.

그렇지만 이제 우리는 판 구조론 해석을 통해 그곳에 왜 바다 생물 화석

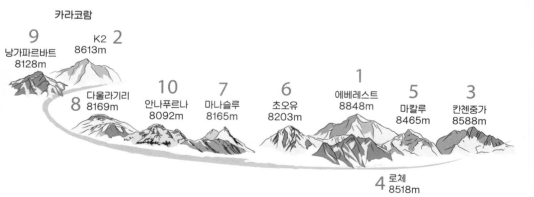

〈그림 2-25〉 히말라야의 산들

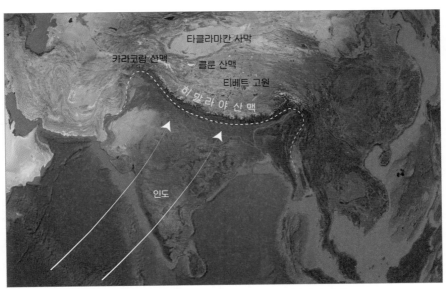

〈그림 2-26〉 8500km 상공에서 본 지구의 히말라야 산맥.
수렴 경계 2: 인도판과 유라시아판의 충돌-히말라야 산맥 형성

이 나오는지를 알게 되었다. 〈그림 2-26〉은 구글 어스 프로그램을 이용하여 8500m 상공에서 본 지구의 모습이다. 한눈에도 인도 대륙이 유라시아 대륙을 밀어붙여서 우그러뜨린 형상이 선명하다. 물론 인도 대륙이 자동차처럼 빨리 달려서 들이받은 것은 아니다. 2억 5000만 년 전 아프리카 대륙에 붙어 있던 인도 대륙이 떨어져 나와서 일 년에 몇 cm씩 이동하여 서서히 바다를 지워버리고 유라시아 대륙과 떡처럼 들러붙은 것이다.

남아메리카의 안데스 산맥도 히말라야 산맥과 비슷한 과정으로 형성되었다. 다른 점이 있다면 충돌한 판의 종류다. 히말라야 산맥은 인도 대륙판이 유라시아 대륙판과 충돌했지만, 안데스 산맥은 나즈카 해양판이 남아메리카 대륙판과 충돌했다. 즉 히말라야 산맥은 대륙판-대륙판의 충돌이고, 안데스 산맥은 해양판-대륙판이 충돌한 것이다.

그런데 인도-오스트레일리아판이나 남아메리카판이나 해양 부분을 포함하는데 왜 대륙판이라고 말할까?

대륙판이니 해양판이니 하는 구분은 사실 명확한 것은 아니다. 대륙판은 대부분 대륙과 해양을 함께 포함한다. 그러나 대륙의 이름을 빌려서 판의 이름도 붙였기 때문에 흔히 대륙판이라고 하는 것이다. 안데스 산맥의 형태는 〈그림 2-27〉처럼 나타낼 수 있다.

나즈카판이 남아메리카판 밑으로 섭입하면서 안데스 산맥이 형성되었고, 산맥과 나란하게 페루-칠레 해구가 발달하고 있다. 해구에서 침강한 나즈카판의 암석은 물을 포함하므로 섭입대에서 마그마가 만들어지고, 섭입대를 따라서 천발지진, 심발지진도 자주 일어난다.

그럼, 히말라야 산맥의 경우는 화산활동과 지진이 없을까?

히말라야 산맥은 지진이 빈번하지만, 현재 화산활동은 거의 없다. 그 이

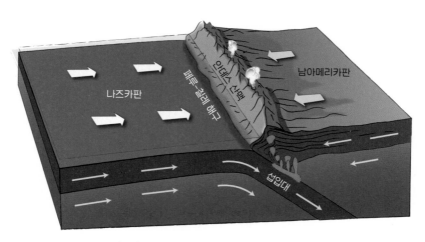

〈그림 2-27〉 안데스 산맥과 페루-칠레 해구.
수렴 경계 3: 해양판이 대륙판 밑으로 섭입하며 해구가 형성되었다. 대륙판이 찌그러지면서 해구와 평행한 습곡산맥이 만들어졌다. 섭입대를 따라 지진이 자주 발생하고 화산활동이 일어난다.

유는 무엇일까? 히말라야 산맥은 대류판과 대류판이 충돌했기 때문에 암석 속에 물이 별로 없기 때문은 아닐까?

히말라야 산맥 중앙부에는 해양 퇴적암이 있고 주변에는 화성암과 변성암이 있으므로 오래전 과거에는 화산활동이 있었을 것이다. 그러나 지금은 대륙과 대륙이 딱 달라붙은 상태여서 지하까지 물이 들어갈 수 없는 상황이다. 그래서 지진은 잦지만 대규모 화산 폭발 같은 현상은 일어나지 않는다.

발산 경계 1: 지구에서 가장 긴 산맥, 해령

해령의 총연장 길이는 약 6만 km로 지구 둘레를 한 바퀴 반이나 감아버릴 만큼 길다. 〈그림 2-28〉에서 해령을 야구공의 표면을 꿰맨 실밥처럼 표현한 것은 해령이 단층에 의해 끊어져 어긋났기 때문이다.

해령의 폭은 1~3km 정도이고, 심해저 평원으로부터 약 2~3km 높이로 솟아 있다. 그런데 해령은 보통 두 줄기 산맥 형태로 나타나는 특이한 지형이다. 두 산맥 사이에는 깊이 수백 m 이상의 계곡이 깊게 파여 있다. 그 계곡을 '열곡'이라고 하는데, 그 폭은 25~30km 정도다. 〈그림 2-29〉는 해령의 구조를 나타낸다.

과학자들은 해령 지역이 지구 내부 열대류의 상승 지역인 것으로 파악하고 있다. 해령은 지각 열류량이 매우 높고, 지진과 화산활동이 일어나며 현무암질 마그마가 흘러나온다. 해령 지역에서 마그마가 만들어지는 것은 해령이 맨틀 대류의 상승 지역에 있기 때문이다. 지하 수백 km 아래에서는 압력이 매우 높아서 1500℃의 고열에도 암석이 녹지 않는다. 그렇지만 1500℃로 가열된 암석이 온도를 유지한 채 암석권 하부까지 위로 상승하면 낮아진 압력으로 인해 암석을 이루는 원자들의 운동이 활발해져서 용융이 일어날 수 있다. 그

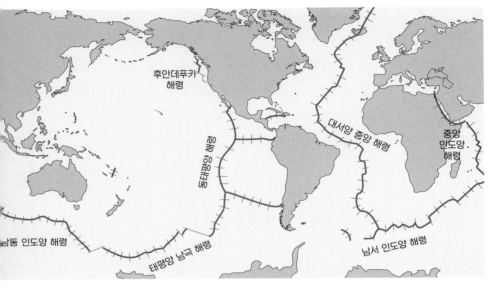

〈그림 2-28〉 세계의 해령

러므로 해령 하부에서 마그마가 만들어지는 원리는 수렴 경계 섭입대에서 마
그마가 만들어지는 원리와는 다르다. 섭입대에서는 물을 포함한 암석이 침강
하여 온도와 압력이 상승한 상태에서 마그마가 생성되지만, 해령 하부에서는
뜨거운 지하의 암석이 상승하면서 압력 감소로 인해 마그마가 생성된다.

　　그런데 해령 지역에는 여드름처럼 솟아난 굴뚝 형태의 구멍들이 곳곳에
있다. 그 굴뚝 같은 구멍을 열수 분출공이라고 하는데, 그곳에서는 350℃나 되
는 뜨거운 열수와 황화수소를 포함한 검은 연기가 뿜어져 나오기도 한다. 이
는 바닷물이 지각 틈새로 들어가 가열된 후 다시 뿜어져 나오는 것으로 보인
다. 더욱 놀라운 것은 열수 분출공 주변에 팔뚝 굵기의 관다발 생물들이 서식
하고, 커다란 대합과 흰색의 게 등 다양한 생물들이 산다는 것이다. 햇빛 한
줄기 들지 않는 캄캄한 심해저의 열악한 환경에서 그러한 생물들이 산다는 사

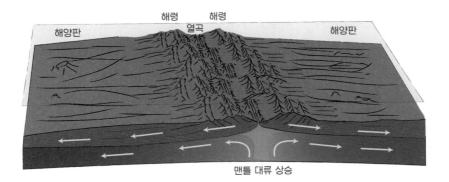

<그림 2-29> 해령과 열곡

발산 경계 1: 맨틀 대류의 상승 지역. 판이 갈라지면서 열곡과 해령이 만들어지고 판은 양쪽으로 1년에 수 cm씩 이동한다. 열곡을 따라 지진이 자주 발생하고 현무암질 용암이 분출하는 화산활동이 일어난다.

수렴 경계 섭입대 ⇨ 물을 포함한 암석이 침강 ⇨ 온도 상승, 압력 상승 ⇨ 마그마 생성 (안산암질)

발산 경계 해령 ⇨ 맨틀 대류에 의한 암석 상승 ⇨ 고온 유지, 압력 감소 ⇨ 마그마 생성 (현무암질)

<그림 2-30> 수렴 경계와 발산 경계에서 마그마가 생성되는 원리

실은 생물학계에 커다란 파문을 일으켰다. 원래 생물은 햇빛이 드는 얕은 바다에서 발생한 것으로 추측했는데, 열수 분출공의 생물들이 발견됨으로써 기존의 학설을 수정해야 했기 때문이다. 어쩌면 지구 최초의 생명은 햇빛 한 점 들지 않는 이곳에서 발생했을지도 모르는 일이다.

　해령은 지구의 갈라진 피부에 새살이 돋아나는 지역인 셈이다. 그래서 해령에서 생성된 현무암은 나이가 매우 젊고 그 위에 쌓인 퇴적물도 거의 없다. 해령에서 생성된 현무암은 판이 이동함에 따라 해령에서 멀어질수록 암석의 연령이 증가한다. 해령에서 만들어진 암석이 해구까지 이동하는 시간은 1억 5000만~2억 년 정도인 것으로 파악된다. 그러므로 해양지각에서 가장 오래된 암석의 나이는 2억 년 정도다. 대륙의 암석 중에는 40억 년을 넘는 오래된 암석도 있으니, 대륙지각과 해양지각은 매우 대조적이다.

〈그림 2-31〉 열수 분출공과 서식 생물들 (출처: 위키피디아)

해령에서 멀어질수록 수심이 깊어지는 것은 열적 수축과 관계가 있다. 해령 지역은 뜨거워서 암석의 부피가 팽창된 상태이고, 해령에서 멀어지면 차차 식으면서 수심도 깊어지는 것이다. 해령 하부의 암석이 충분히 냉각되는 데는 1억 년 정도 소요되는 것으로 보인다. 그래서 해령으로부터 1억 년 정도 이동한 판은 거의 평평해져서 심해저 평원이 된다.

발산 경계 2 : 갈라지는 아프리카

에티오피아 북부에서 시작하여 남쪽으로 케냐와 탄자니아를 관통하여 말라위까지 이어지는 긴 골짜기를 동아프리카 열곡대라고 한다. 이 열곡대는 발산 경계이기 때문에 지진과 화산활동이 있고 열곡대 폭이 조금씩 넓어지고 있다.

열곡대에 빗물과 강물이 고여서 생긴 탕가니아호, 니아사호 등의 호수는 땅이 갈라져 생긴 호수답게 모두 길쭉한 모습이다. 열곡대 인접 부근에는 아프리카 대륙에서 가장 높은 킬리만자로산^{5895m}과 케냐산^{5199m}이 우뚝 솟아 있는데 열곡대 주변의 화산활동으로 인해 생성됐다. 인터넷 구글 어스 프로그램을 이용하여 살펴보면 화산대와 지진대 분포를 쉽게 확인할 수 있다.

열곡대를 기준으로 아프리카 동부가 아프리카의 중심에서 멀어지기 때문에 학자들은 동부 아프리카를 소말리아판이라고 부르기도 한다. 소말리아판이 동쪽으로 더욱 이동하는 미래에는 열곡대로 바닷물이 들어올 것이다. 동아프리카 열곡대 북부에 위치한 홍해 지역도 과거에는 육지의 열곡대였는데, 지금은 바닷물이 들어와 길쭉한 형태의 바다가 된 상태다.

해령과 열곡이 육지로 연장되어 드러난 곳도 있다. 북극권 근접 지역에 위치한 아이슬란드가 바로 그곳이다. 아이슬란드의 산악 지대에는 빙하가 형

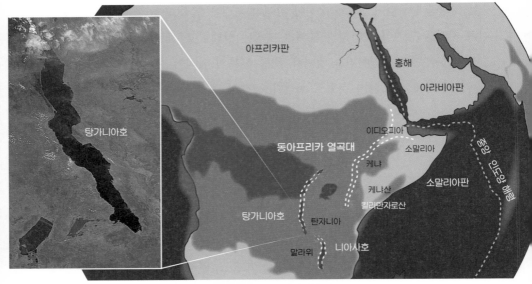

탕가니아호

아프리카판

홍해

아라비아판

이디오피아

소말리아

동아프리카 열곡대

케냐

케냐산

소말리아판

킬리만자로산

탕가니아호

탄자니아

말라위

니아사호

〈그림 2-32〉 동아프리카 열곡대

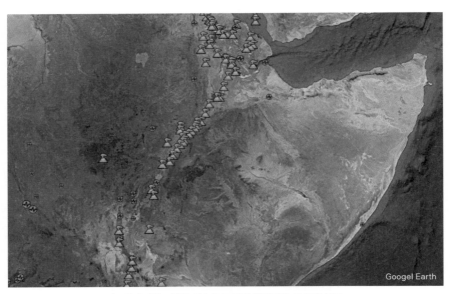

Googel Earth

〈그림 2-33〉 구글 어스에 표시된 지진대와 화산대 분포

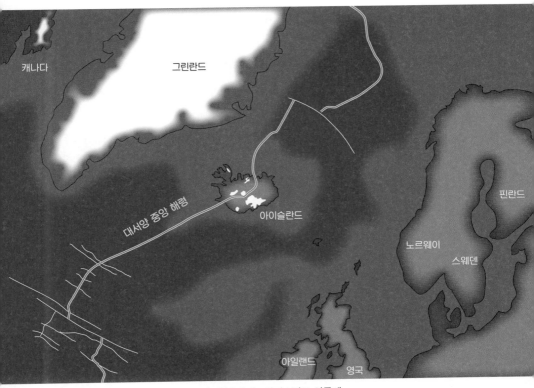

캐나다

그린란드

대서양 중앙 해령

아이슬란드

핀란드

노르웨이

스웨덴

아일랜드

영국

〈그림 2-34〉 아이슬란드 열곡대

성되어 있다. 그러나 해령이 가로지르는 섬의 중부 지역은 마그마가 분출하는 화산활동도 일어나고, 곳곳에 노천 온천이 발달한다. 덕분에 아이슬란드는 지열을 이용하여 국가 소비 전력의 절반 이상을 생산하며, 대부분 가구가 자연적으로 데워진 온천수를 이용한다.

변환 경계

변환 경계에서는 판과 판이 엇갈려 지나가는 에스컬레이터처럼 이동한다. 따라서 변환 경계는 지층이 끊어진 단층의 형태가 되는데, 두 개의 판이 서로 반대 방향으로 절단된 부분을 변환 단층이라고 한다. 〈그림 2-35〉에서 노란색으로 표시된 부분^{해령과 해령 사이}이 변환 단층이다. 단층이 형성되어 있기는 하지만 판의 이동 방향이 같은 부분은 파쇄대라고 부른다^{검은 선 부분}. 변환 단층 지역은 땅이 어긋나는 과정에서 스트레스로 인해 지진이 자주 발생한다. 그렇지만 화산활동은 일어나지 않는 것으로 파악된다.

변환 단층이 육지로 드러난 지역 중에서 가장 유명한 곳은 미국 서부의

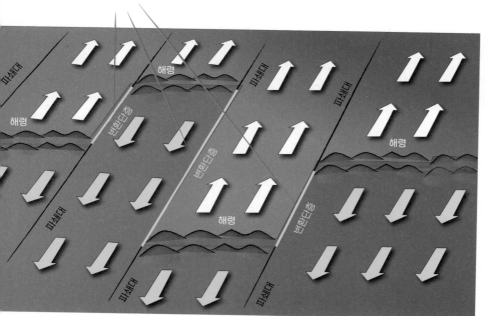

〈그림 2-35〉 변환 경계

샌 안드레아스 단층이다. 샌 안드레아스 단층의 길이는 약 1300km나 되는데 주변에는 캘러베러스 단층, 헤이워드 단층, 샌 그레고리 단층 등도 함께 발달하고 있어서 지진이 자주 발생한다. 1906년 샌프란시스코에는 규모 7.8의 강진이 일어나 3000명 이상 사망하고 수십만 채의 가옥이 파손되었는데, 그 후로도 크고 작은 지진이 계속 일어나서 샌 안드레아스 단층은 영화 소재로도 자주 등장한다.

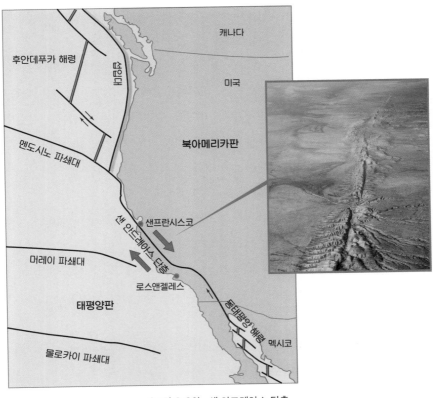

〈그림 2-36〉 샌 안드레아스 단층

판 이동의 원동력

지구 표면은 여러 개의 판으로 되어 있으며, 판들은 떠다니는 뗏목처럼 서로 멀어지거나 충돌하면서 다양한 지각 변동을 일으킨다. 그렇다면 판들을 움직이는 원동력은 과연 무엇일까?

1929년 홈스가 맨틀 대류설을 제창한 후로 판 이동의 원동력은 '연약권에서의 맨틀 대류'가 전부인 것처럼 이해했다. 그렇지만 연구가 거듭되면서 맨틀의 대류로만 판의 이동을 설명하기에는 미흡하다고 생각하는 과학자가 많다. 현재 거론되는 판 이동의 중요한 원동력은 크게 세 가지로 본다.

첫째는 해령 하부에서 맨틀 대류에 의해 마그마가 상승하면서 판을 양쪽으로 밀어내는 힘이다. 이를 흔히 '해령 밀기ridge push'라고 한다.

둘째는 해구 섭입대에서 침강한 해양판의 무게로 인하여 가라앉는 힘이다. 해구 근처의 해양판은 2억 년 정도 냉각된 상태다. 냉각된 암석은 수축하여 밀도가 증가하므로 무거워져서 지구 내부로 빨려 들어가는 힘이 작용할 것이라고 보는 것이다. 이러한 작용을 '슬래브 당기기slab-pull'라고 한다. 슬래브는 널빤지라는 뜻이다. 또한 해령에서 해구 쪽으로 판이 기울어 있어서 중력에 의해 미끄러지는 힘도 작용할 것으로 생각한다.

셋째는 판 하부의 연약권이 대류 하면서 마찰력으로 미는 힘이다. 이를 기저 견인basal drag이라고 한다. 그런데 대류의 방향이 판의 이동 방향과 일치하는 부분도 있지만, 오히려 반대 방향으로 대류 하는 지역도 있는 것으로 보고된다. 따라서 과연 마찰력이 확실히 판 이동의 원동력이 되는지에 대해서는 아직도 불확실하다.

지금까지 제시된 판 이동의 원동력에 대한 추론이 과연 얼마나 타당한지를 판단하려면 더 많이 연구해야 한다.

태평양은 해구가 있어서 판 이동 속도가 다른 지역보다 확실히 빠른 것

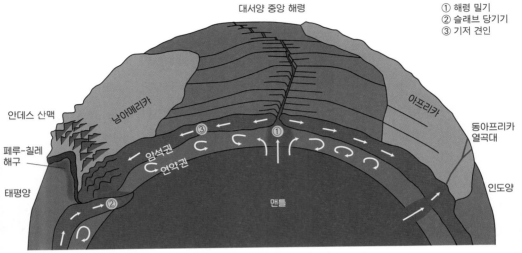

대서양 중앙 해령

① 해령 밀기
② 슬래브 당기기
③ 기저 견인

안데스 산맥

남아메리카

아프리카

페루-칠레 해구

동아프리카 열곡대

태평양

암석권
연약권

맨틀

인도양

〈그림 2-37〉 판 이동의 원동력

으로 측정된다. 그러므로 해구에서 중력에 의해 침강하는 판의 가라앉는 힘이 작용할 것이라는 가정은 타당해 보인다.

　대서양의 경우는 해령만 있고 해구는 없으므로 판 이동 속도가 빠르지 않다. 그렇지만 해령을 중심으로 양쪽 판이 멀어지는 것만은 확실하기 때문에 맨틀이 상승하여 해령을 밀어내는 힘이 생기는 것으로 볼 수도 있다. 그렇지만 해령 지역의 단층이 장력에 의해서 생기는 것으로 관찰되기 때문에 과연 해령이 주도적으로 미는 것인지 아니면 판이 당겨져서 벌어지는 것인지는 알 수 없다.

　연약권이 대류하면서 마찰력으로 판을 밀어줄 것이라는 가정은 아직 확실하지 않다. 대류 방향이 판의 이동 방향과 일치하지 않는 지역도 있다는 것이 하나의 걸림돌이고, 하와이 같은 열점에서 맨틀 대류는 연약권보다 훨씬 깊은 곳에서 상승하는 것으로 추측된다.

병원에서 인체 내부를 3차원적으로 촬영하는 기술을 CT computer Tomography; 단층촬영라고 한다. CT는 여러 각도에서 X선을 인체 내부로 투사하여 단면도를 찍은 후 컴퓨터를 이용하여 3차원 구조로 합성한다.

최근 과학자들은 지진파 단층촬영seismic tomography, 지진파 소음 단층촬영seismic noise tomography 등의 기술을 이용하여 지구 내부 모습을 3차원적으로 그려내는 작업을 한다. 지진파 단층촬영이 병원에서 이용하는 CT와 다른 점은 X선 대신 지진파를 이용한다는 점이다.

지진파 단층촬영을 통해 지구 내부의 상태를 파악하는 일은 시간과 노력이 많이 든다. 아주 많은 데이터가 축적되어야 내부 구조를 어느 정도라도 파악할 수 있기 때문이다. 현재까지 밝혀진 자료에 의하면 지구 내부 맨틀에 거대한 열대류의 하강과 상승 작용이 있는 것으로 알려져 있다. 차가운 물질이 맨틀 바닥까지 가라앉고 그로 인해 밀려난 뜨거운 물질은 위로 상승하는 식의 대류가 일어나는 것이다.

이처럼 맨틀 전체의 대류를 플룸의 상승과 하강으로 해석하는 이론을 플룸 구조론plume tectonics이라고 하는데, 아직은 가설 단계에 머물고 있으며 과학자들의 의견도 분분하다. 그러나 과학은 틀린 증거나 내용이 발견되면 즉시 폐기하고 새롭게 써나가는 진화의 학문이므로 언젠가는 지구 내부의 구조가 선명하게 밝혀질 날도 올 것이라 기대한다.

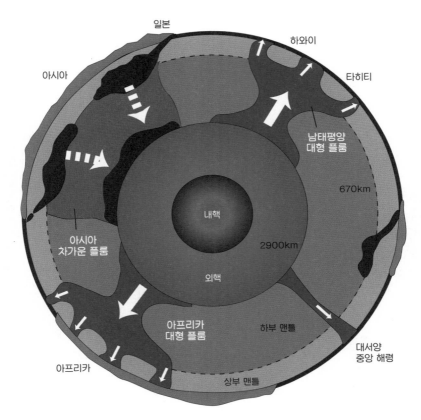

일본

하와이

아시아

타히티

남태평양
대형 플룸

670km

내핵

2900km

아시아
차가운 플룸

외핵

아프리카
대형 플룸

하부 맨틀

대서양
중앙 해령

아프리카

상부 맨틀

〈그림 2-38〉 플룸 구조론

3

뜨거운 지구 열의 1차 방어, 암석
─지구의 광물에 대하여

밥상 위로 날아든 돌의 정체

지구에 가장 많은 물질은 무엇일까?

지구는 암석으로 이루어진 행성이다. 암석의 주성분은 뭘까? 돌멩이를 만져보면 딱딱하고 묵직한 것이 금속과 비금속이 한데 어우러져 뭉친 덩어리쯤으로 짐작할 수 있다. 그렇다면 암석에는 어떤 성분이 가장 많을까?

암석학자들이 지각의 암석 성분을 분석한 결과 1위의 주인공은 산소였다. 산소가 지각의 암석에서 차지하는 질량 비율은 거의 50%, 부피 비율로는 90%나 된다. 산소 다음으로는 규소^{Si}의 함량이 약 28%였고, 나머지는 알루미늄^{Al}, 철^{Fe} 등의 금속 성분이다. 음이온인 산소가 양이온인 금속 성분들을 끌어모아 암석을 만든 셈.

지각에는 산소가 가장 많지만, 지구 속으로 들어가면 어떨까?

지각을 구성하는 1위 원소, 산소가 여전히 가장 많은 비율을 차지할까? 지구 질량은 약 6×10^{24}kg이다. 이 정도 질량이 되려면 지구 내부가 고밀도의 물질로 차 있어야 한다.

과학자들이 지구 내부 물질을 간접적으로 알아내기 위해 생각해낸 방법은 하늘에서 떨어지는 운석을 연구하는 것이었다. 지구는 운석이 충돌하여 만들어진 행성이고, 여전히 매년 수십만t의 운석이 지구에 떨어지고 있다.

과학자들은 운석을 수집하여 석질 운석^{콘드라이트}, 석철질 운석, 철질 운석으로 구분했다. 그리고 다양한 분석과 연구를 통하여 석질 운석은 지각과 맨

〈그림 3-1〉 왼쪽부터 석질 운석, 석철질 운석, 철질 운석

틀을 이루는 암석의 조성과 같고 철질 운석은 지구의 핵과 유사한 물질인 것으로 추정했다.

맨틀은 지각보다 철과 마그네슘^{Mg} 함량이 높은 암석으로 되어 있고, 핵은 철이 주성분으로 약간의 니켈^{Ni}이 포함되어 있다. 지진파 연구, 중력 분포 연구, 고온고압 실험, 밀도 분석 등을 통해 알아낸 지구 전체 성분의 1위 원소는 철, 2위는 산소다.

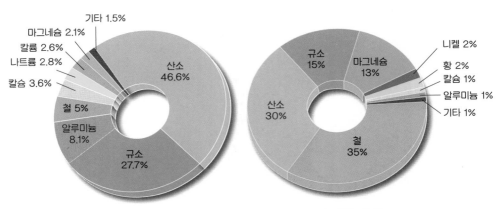

〈그림 3-2〉 지각의 구성 성분(왼쪽)과 지구의 구성 성분(오른쪽)

밥 먹다가 씹은 돌은 어떤 광물일까?

밥 먹다가 딱 소리가 나게 돌 씹은 적이 있을 것이다. 장담컨대 그 돌은 장석長石, feldspar 아니면 석영石英, quartz이다. 돌을 힘차게 씹어서 돌이 깨지고 이도 상했다면 장석, 돌은 멀쩡한데 이만 깨졌다면 석영일 확률이 높다. 이산화규소SiO_2의 결정인 석영은 그만큼 단단하다.

〈그림 3-3〉은 학교 운동장의 흙을 촬영한 것이다. 위쪽 사진을 확대하면 아래쪽 사진처럼 광물의 알갱이들이 보인다.

〈그림 3-3〉 운동장의 흙

〈그림 3-4〉 왼쪽부터 사장석, 정장석, 석영

알갱이들은 기계적 풍화작용을 통해 암석에서 부스러져 나온 광물이다. 광물의 종류는 매우 많지만 흙을 한 줌 떠서 물에 헹군 후 알갱이를 모아보니 세 종류의 광물이 압도적으로 많았다.

왼쪽 샬레에 담긴 흰색 광물은 사장석斜長石, plagioclase이고, 가운데 샬레에 담긴 불그스름한 광물은 정장석正長石, orthoclase, 오른쪽 샬레에 담긴 투명한 광물은 석영이다. 세 광물은 모두 규산염 광물에 속한다. 규산염 광물이란 규소와 산소의 조합인 SiO_4^{4-} 이온을 포함하는 광물을 말한다. 사장석$^{(Na,Ca)}$$Al(Si,Al)Si_2O_8$, 정장석$KAlSi_3O_8$, 석영, 감람석$^{(Mg,Fe)_2SiO_4}$, 휘석$XY(Si,Al)_2O_6$, XY에는 K, Na, Fe, Zn, Mn, Li 등이 치환, 각섬석$^{(Na, Ca)_2(Mg,Al,Fe)_5Si_8O_{22}(OH)_2}$, 흑운모$K(Mg,Fe)_3AlSi_3O_{10}(OH)_2$, 백운모$KAl_2(AlSi_3)O_{10}(OH)_2$는 지각을 구성하는 8대 규산염 광물이다. 규산염 광물은 압도적으로 많아서 지각의 92% 정도를 차지한다.

수천 가지나 되는 광물 중에 규산염 광물이 90% 이상이라니 놀랍지 않은가?

과학자는 광물을 매우 섬세하게 구분한다. 길쭉한 광물 장석을 예로 들면, 장석은 사장석과 정장석으로 구분한다. 사장석은 '기울어진 쪼개짐', 정장석은 '똑바른 쪼개짐'이라는 어원을 가진다. 정장석의 화학식은 $KAlSi_3O_8$로 칼륨과 알루미늄이 1:1의 비율로 있다. 그런데 사장석은 회장석^{CaAl_2Si_2O_8}과 조장석^{NaAlSi_3O_8} 성분이 제멋대로 뒤섞인 칵테일과 같다. 그래서 회장석 성분이 90% 이상이면 아놀사이트^{anorthite}, 70~90%이면 바이토우나이트^{bytownite}, 50~70%이면 래브라도라이트^{labradolite}, 30~50%이면 안데신^{andesine}, 10~30%이면 올리고크레이스^{oligoclase}, 0~10%이면 알바이트^{albite}라는 이름으로 세분하여 부른다. 이처럼 비슷한 성분에서도 파생되는 광물이 많으니 수천 종의 광물이 있는 것이다.

사장석처럼 일정 성분이 무작위 비율로 섞이는 광물을 '고용체$^{固溶體, solid solution}$'라고 한다. 고체이면서도 용액처럼 자유로운 비율로 섞일 수 있다는 뜻. 감람석도 철과 마그네슘 성분이 치환되며 함량이 변하기 때문에 고용체이고, 휘석, 각섬석$^{角閃石, hornblende}$, 흑운모$^{黑雲母, biotite}$도 마찬가지 특성을 가지기 때문에 고용체 광물이다. 그러나 석영과 정장석은 각 성분이 일정 비율로만 들어가기 때문에 '비고용체^{非固溶體}' 광물이다.

암석은 뭐고, 광물은 뭐지?

콩, 팥, 보리, 쌀을 섞어서 잡곡밥을 지었다. 이때 콩, 팥, 보리, 쌀은 광물이고, 잡곡밥은 암석에 비유할 수 있다. 즉, 암석은 광물의 집합체다. 암석은 수백종, 광물은 6000종이 넘는 것으로 알려져 있다.

한자어로 된 암석 이름 끝에는 '~암'이라는 접미사가 붙는다. 화강암, 현무암, 역암, 사암, 석회암, 편마암, 규암, 대리암 등이 그 예다. 셰일, 혼펠스, 처트와 같은 암석은 영어로 된 이름을 그대로 사용한다.

광물 이름에는 '~석'이라는 접미사가 붙는 경우가 흔하다. 사장석, 정장석, 감람석, 휘석, 각섬석과 같은 광물이 그 예다. 그렇지만 석영, 백운모, 흑운모의 경우처럼 '석' 자가 붙지 않는 광물도 있다.[*]

그럼 맥반석 달걀, 맥반석 오징어라고 할 때 맥반석도 광물일까?

맥반麥飯은 보리밥을 뜻한다. 그러니까 맥반석은 보리쌀 알갱이가 붙은 것처럼 보이는 암석을 가리키는 별명일 뿐 암석학에서 쓰는 정식 명칭은 아니다. 석재 산업에서는 석회암을 석회석, 화강암을 화강석, 대리암을 대리석으로 부른다. 그러나 원칙적으로는 석회암, 화강암, 대리암이라고 사용하는 것이 학문적으로 올바른 표현이다.

맥반석

---

[*] 수천 종의 광물 이름은 대개 영어 이름으로 되어 있다.

광물의 족보는 어떻게 나뉘는가?

우리나라 전통 가문의 족보는 부계 중심으로 되어 있다. 어머니 성씨가 무엇이든 따지지 않고 자식은 아버지의 성씨를 따라 그 가문의 사람으로 분류되는 것이다. 광물은 어떤 방식으로 족보를 정리할까?

광물의 족보는 화학적 구성 원소를 중시하여 분류하는 것이 일반적이다. 이때 대부분 광물은 포함된 음이온 종류에 따라 족보가 정해진다.

앞서 '규소와 산소의 조합인 SiO_4^{4-} 이온을 포함하는 규산염 광물이 지각의 90% 이상을 차지한다'고 했다. 예로 감람석은 마그네슘, 철, 규소, 산소가 조합된 광물이다. 그러므로 감람석을 마그네슘 함유 광물 또는 철 함유 광물이라고 불러도 틀린 말은 아니다. 그렇지만 감람석은 규산염 광물silicate minerals로 분류하는 것이 일반적인 분류 원칙이다. 그 이유는 SiO_4^{4-}라는 음이온이 사면체 구조를 만들고 마그네슘이나 철 같은 양이온들이 첨가된 형태로 광물의 결정이 만들어지기 때문이다.

감람석은 각각 SiO_4^{4-}사면체가 독립적으로 떨어져 있지만, 휘석은 한 줄

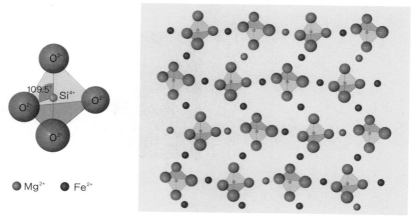

〈그림 3-5〉 사면체와 감람석의 분자 구조

의 체인처럼 연결되고, 각섬석은 두 줄 체인으로 연결되며, 운모는 판자 모양으로 연결된다. 이들은 모두 사면체 모서리에 있는 산소를 이웃한 사면체와 공유결합함으로써 연결된다. 공유결합한 산소는 이중국적을 가진 셈이어서 이웃한 사면체 양쪽 모두의 구성원이 된다. 그러므로 공유결합한 산소가 많아지면 산소 비율이 줄어드는데, 석영은 모든 산소가 공유결합하기 때문에 최소 비율 Si:O=1:2의 산소로 결정을 만든다. 공유결합이 많을수록 광물은 단단해진다. 따라서 석영은 강한 파도에도 오래 살아남아 해변의 백사장을 하얗게 수놓는다.

지각을 구성하는 광물 중에는 규산염 광물 외에도 산화 광물, 황산염 광물, 인산염 광물, 할로겐 광물, 탄산염 광물, 원소 광물 등이 있다. 규산염 광물은 SiO_4^{4-} 성분을 포함하지만, 산화 광물은 규소를 포함하지 않은 O^{2-}, 황화 광물은 S^{2-}, 황산염 광물은 SO_4^{2-}, 인산염 광물은 PO_4^{3-}, 탄산염 광물은 CO_3^{2-} 성분을 포함한다.

산화 광물에는 적철석^{Fe_2O_3}, 자철석^{Fe_3O_4}, 갈철석$^{Fe_2O_3 \cdot H_2O}$, 강옥^{Al_2O_3}, 보크사이트$^{Al_2O_3 \cdot 2H_2O}$, 황화 광물에는 방연석^{PbS}, 황동석^{CuFeS_2}, 황철석^{FeS_2}, 섬아연석^{ZnS}, 황산염 광물에는 석고$^{CaSO_4 \cdot 2H_2O}$, 중정석^{BaSO_4}, 할로겐 광물에는 암염, 형석^{CaF_2}이 대표적이다.

탄산염 광물에는 방해석^{CaCO_3}, 마그네사이트^{MgCO_3}, 능철석^{FeCO_3}, 능망간석^{MnCO_3} 등이 있다. 네 광물은 공통으로 CO_3^{2-} 이온을 포함하고 양이온들의 크기가 비슷하기 때문에 결정 구조가 유사하여 유질동상類質同像; 비슷한 성분이고 같은 결정상 관계인 광물이다.

단일 성분으로 된 광물은 원소 광물이라고 한다. 금강석다이아몬드, C, 흑연 C, 황^S, 자연 금^{Au}, 자연 동^{Cu}은 원소 광물이다.

금강석과 흑연은 재료가 탄소로 똑같은데, 왜 다른 광물이 되었을까? 두 광물이 만들어진 환경이 달랐기 때문이다. 아름다운 광택의 금강석은 강도가

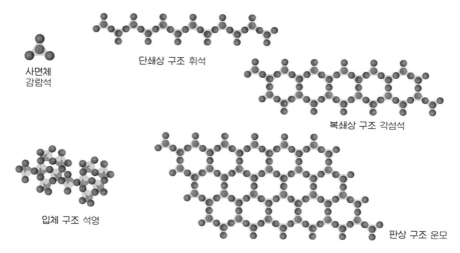

사면체
감람석

단쇄상 구조 휘석

복쇄상 구조 각섬석

입체 구조 석영

판상 구조 운모

〈그림 3-6〉 SiO_4^{4-} 사면체 결합 구조

엄청 높고 화학적 변화도 없는 희귀한 보석이다. 그래서 남녀가 결혼할 때 변치 말자는 약속의 의미로 다이아몬드 반지를 선물하기도 한다. 연필심이나 건전지의 재료로 쓰이는 시커먼 흑연은 허약하여 잘 쪼개진다. 금강석과 흑연은 왜 이렇게 다를까?

금강석은 지하 100km 이상의 깊이 압력이 매우 높은 환경에서 만들어지는 고압형 광물이고, 흑연은 낮은 압력에서 만들어지는 저압형 광물이기 때문

〈그림 3-7〉 동질이상 광물인 금강석(왼쪽)과 흑연(오른쪽)

이다. 금강석은 탄소가 그물망처럼 촘촘히 결합해 있지만, 흑연은 한쪽으로만 탄소가 결합해 있다. 금강석과 탄소는 '재료는 같으나 결정 상태가 다르다'는 의미에서 동질이상同質異像 광물이라고 부른다.

규산염 광물인 홍주석紅柱石, Andalusite, 남정석藍晶石, kyanite, 규선석珪線石, Sillimanite도 Al_2SiO_5 동질이상 광물이다. 세 광물은 〈그림 3-8〉과 같은 온도-압력에서 만들어지므로 이를 연구하면 어떤 지역의 지질 역사를 해석하는 데 많은 도움이 된다.

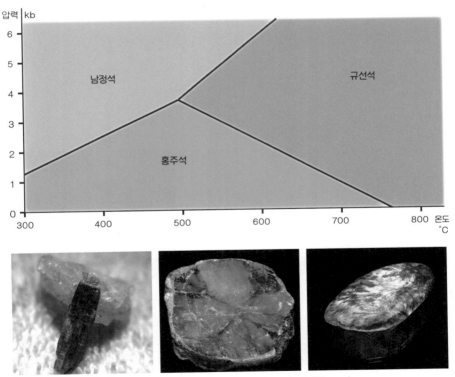

〈그림 3-8〉 왼쪽부터 남정석, 홍주석, 규선석

과학으로 한걸음 더 독 품은 광물들

진사 cinnabar, HgS

수은^{Hg}을 추출하는 광물. 불로초를 찾던 진시황은 수은을 섭취했을 때 일시적으로 피부가 팽팽해지는 효과가 있어서 수은을 불로장생의 약으로 믿었다고 전해진다. 수은으로 연못을 만들고 수은을 얼굴에 발랐다는 진시황은 수은 중독으로 코가 문드러지고 정신착란에 시달리다가 쉰도 못 살고 시해당했다. 1950년대 일본 미나마타 현에서 수은에 오염된 물고기를 먹고 병에 걸린 사람들은 몸의 움직임이 둔해져서 제대로 걷거나 말을 할 수 없었고, 공식적으로 2265명의 희생자가 발생했다.

그리이노카이트 greenockite, CdS

카드뮴^{Cd}을 추출한다. 카드뮴이 인체에 과량 침투하면 기침만 해도 부러질 정도로 뼈가 약해지는데, 1912년 일본 도야마 현 진즈강 하류가 카드뮴에 오염되어 많은 사람이 병에 걸린 후 '이타이이타이 병'이라는 병명이 생겼다. 이타이이타이는 일본어로 '아프다 아프다'라는 뜻.

황비철석 arsenopyrite, FeAsS

부스러뜨리면 불꽃이 일면서 유독 가스가 발생하는 황비철석은 맹독성 비소 As를 포함한 광물. 삼산화비소 As_2O_3는 비상砒霜이라는 이름의 독약으로 유명하다. 비소는 군사용 독가스 AsH_3에 쓰이기도 했다. 캄보디아, 방글라데시 같은 제3세계 국가는 비소에 오염된 우물물에 노출된 사람이 5000만 명에 이르는 것으로 보도된다.

에리오나이트 erionite, $(Na_2,K_2,Ca)2Al_4Si_{14}O_{36}\cdot15H_2O$

제올라이트 zeolite의 일종으로 발암물질 덩어리로 알려져 있다. 제올라이트는 부글부글 끓으면서 zeo 만들어진 돌 lite이라는 뜻을 가졌는데, 용암과 해수가 화학반응을 일으켜 생성된 광물이다. 에리오나이트가 포함된 화산암으로 집을 짓거나 가루를 만들어 페인트칠했던 터키의 한 마을 주민의 상당수가 늑막, 복막, 심막 등의 피부 중간층에 생기는 악성 종양인 중피종에 걸려 큰 피해를 당했다.

석면 asbestos

섬유상 규산염 광물을 통칭하는 말이다. 백석면, 갈석면, 청석면, 양기석석면, 투감석석면 등 여러 가지가 있다.

석면은 석면폐, 중피종, 폐암을 일으키는 원인 물질인 것으로 알려져 있다. 사진은 청석면 $Na\cdot Fe(SiO_3)_2\cdot FeSiO_3\cdot nH_2O$ 이다.

석회암으로 반죽하고 화강암으로 덧댄 도시

우리 동네엔 어떤 암석이 있을까?

사람들은 매끈한 암석으로 치장된 건물을 보면서 "대리석으로 지은 으리으리한 건물이구나!" 하고 감탄한다. 그런데 대리석이 맞기는 할까?

고층 빌딩, 아파트, 상가, 오피스텔, 빌라 등 현대 건축물이 빼곡하게 들어선 도시는 석회암^{石灰巖, limestone}으로 반죽하고 화강암 판자를 붙여서 만든 조형물이라고 해도 과언이 아니다. 석회암은 시멘트의 주재료이고, 화강암은 거의 모든 건축물의 외벽재와 바닥재로 쓰이기 때문이다.

〈그림 3-9〉 사진은 서울시 마포구 주택가 100m 반경 내에서 찍은 화강암 사진들이다. 가장 흔하게 눈에 띄는 화강암은 윗줄에 있는 것들^{화강암1, 2 ,3}로 정장석, 사장석, 석영, 흑운모의 알갱이가 보인다. 4번 사진의 화강암에는 동전보다 훨씬 크게 성장한 핑크빛 정장석이 나타난다. 석재는 표면을 얼마나 매끈하게 다듬는가에 따라서 광택이 다르게 느껴진다. 표면이 거친 경우에는 난반사로 인해 부드러운 느낌을 주고, 유리처럼 매끈하게 연마하면 광물의 색상이 진해 보이고 반짝이는 느낌을 준다.

대리석은 석회암이 변성되어 만들어진 대리암^{大理巖, marble*}을 가리키는 것으로, 알갱이가 맨눈으로 잘 보이지 않으며 우윳빛을 띠는 것이 보통이다. 또

---

* 아름다운 마블링 문양이 있는 대리암은 탄산칼슘에 철분이나 마그네슘 등의 불순물이 들어가서 생긴 것이다.

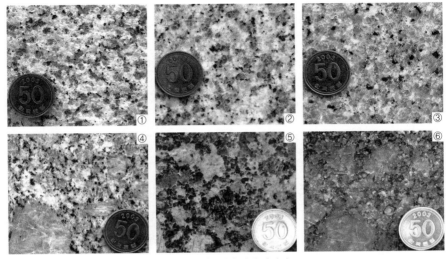

〈그림 3-9〉 여러 가지 화강암

한 대리암은 산성비에 약하기 때문에 건물의 내벽재로는 사용하지만 외장재로는 거의 쓰지 않는다. 〈그림 3-10〉은 산성비 때문에 녹아내린 대리암 이무깃돌의 모습이다.

제주도는 돌도 까맣고 해변의 모래도 까맣다. 제주도는 현무암玄武巖, basalt이 분출하여 된 화산섬이다.

〈그림 3-10〉 이무깃돌

현무암은 감람석과 휘석을 주성분으로 하는 암석이기 때문에 검은색을 띤다. 현무암은 대부분 해양지각에 분포한다. 그래서 바닷물이 전부 증발해서 없어질지라도 검은색을 띠는 대륙과 해양을 구분할 수 있다.

암석의 분류 체계

세상의 모든 암석은 세 가지 중 하나다.

첫째는 불火에서 생겨난 암석이라는 뜻의 화성암火成巖, igneous rocks이다. 마그마가 식어 굳어지면서 만들어진 암석이다.

지구 탄생 초기에는 미행성 충돌이 잦았기 때문에 지구 전체가 녹아서 마그마 바다를 이룬 시대가 있었을 것으로 추정된다. 지구 전체가 액체인 상태에서 무거운 철질 마그마는 지구 중심으로 가라앉아 핵을 형성했고 철보다 가벼운 암석질의 마그마는 위로 떠올라 맨틀과 지각을 형성했다. 따라서 유년기 지구 지표의 모든 암석은 화성암이었을 것이다. 대표적인 화성암으로는 맨틀의 감람암, 대륙지각의 화강암, 해양지각의 현무암을 꼽을 수 있다.

둘째는 퇴적암堆積巖, sedimentary rocks이다. 퇴적암은 암석의 풍화작용으로 생긴 퇴적물이 쌓이거나 물에 녹아 있던 화학 성분이 가라앉아 굳은 암석을 말한다.

비바람과 파도에 의한 침식, 압력의 감소, 온도 변화는 암석을 기계적으로 잘게 부스러뜨린다. 그 부스러진 알갱이들이 쌓여서 속성작용續成作用, diagenesis을 통해 퇴적암으로 변한다. 속성작용은 퇴적물이 쌓여서 다져지고압축작용 입자가 시멘트처럼 달라붙어교결작용 딱딱한 퇴적암이 될 때까지의 물리화학적 변화의 전체 과정을 뜻하는 말이다.

압력 감소, 온도 변화가 암석의 기계적 풍화를 일으키는 까닭은 무엇일까? 만약 암석이 사람처럼 감정을 느낄 수 있다면 지하 높은 압력에서 만들어진 암석이 지표의 침식작용으로 지표에 노출되면 풍선처럼 부풀고 싶은 충동에 휩싸일 거다. 스펀지를 꼭 눌렀다가 놓으면 다시 부푸는 것처럼 말이다. 그래서 지하에서 만들어진 암석이 지표로 노출되면 압력이 약해져 표면이 양파 껍질처럼 떨어져 나가기도 하는데 이를 '박리작용剝離作用'이라고 한다.

온도 변화가 풍화작용의 한 요인인 것은 암석이 여러 가지 광물의 집합체이기 때문이다. 온도가 변하면 광물들은 팽창과 수축을 반복하는데, 광물마다 팽창률이 달라서 암석이 서서히 조금씩 부스러지는 것이다. 대표적인 퇴적암으로는 모래 입자로 된 사암, 점토 입자로 된 셰일shale, 탄산칼슘 침전으로 형성된 석회암을 들 수 있다.

　셋째는 변성암變成岩, metamorphic rocks이다. 변성암은 어떤 암석이 열100~1900℃을 받거나 압력수백 MPa 이상이 작용하여 암석의 조직이나 성분이 변해서 만들어진다. 암석이 마그마와 접촉하여 열변성을 받는 경우는 '열변성작용'이라고 하며, 압력이 주로 작용하는 경우는 '동력변성작용動力變成作用, dynamic metamorphism', 열과 압력이 모두 작용할 때는 '동력 열변성작용'이라고 한다. 변

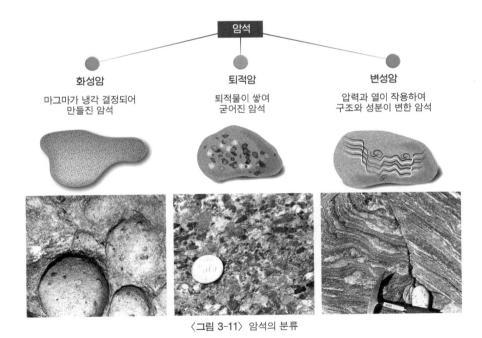

〈그림 3-11〉 암석의 분류

성작용은 그 작용 범위에 따라 '국지적 변성작용', '광역변성작용'으로 구분하기도 한다.

차돌이라 불리는 단단한 규암珪岩, quartzite, 줄무늬 구조가 뚜렷한 편마암片麻岩, gneiss, 조각상의 재료로 유럽에서 흔히 쓰였던 대리암 등은 대표적인 변성암이다.

화성암은 어떤 기준으로 세분하는가?

화성암은 마그마 또는 용암이 냉각하여 굳어진 암석이다. 그럼 마그마와 용암의 차이는 뭘까?

마그마magma는 암석의 녹은 물질이 고온고압 상태로 지하에 있을 때를 말한다. 마그마는 휘발성 기체 성분을 많이 포함하는데, 이것이 지표 밖으로 나오게 되면 용암이 되어 흐르면서 휘발 성분이 공기 중으로 빠져나가서 성분이 변한다. 그러므로 마그마와 용암은 유사하지만 휘발 성분 함량에서 차이가 난다.

마그마는 이산화규소 함량에 따라서 규장질 마그마, 중성 마그마, 고철질 마그마로 분류한다. 규장질은 석영과 장석 성분이 많다는 뜻이고, 고철질은 철과 마그네슘 성분이 많은 조성을 뜻한다. 이산화규소 함량이 45~52%인 경우는 고철질, 52~65%는 중성, 65% 이상일 때는 규장질 마그마로 분류된다. 이산화규소의 함량이 45% 미만인 마그마 물질은 맨틀에서 발견되는데 초고철질이라고 한다.

가장 유명한 화성암은 화강암花崗巖, granite과 현무암이다. 〈그림 3-12〉 두 장의 석판 사진을 자세히 관찰하면 확연하게 다른 점이 보인다.

첫째는 색깔이다.

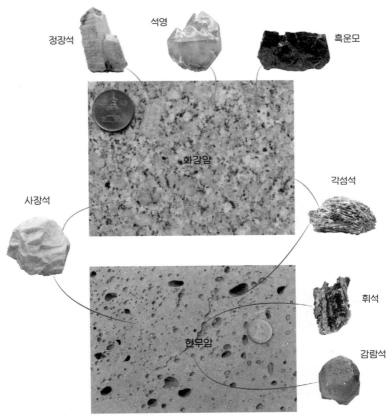

정장석

석영

흑운모

화강암

각섬석

사장석

휘석

현무암

감람석

〈그림 3-12〉 화강암과 현무암에 섞인 암석들

　화강암은 밝고 화사한데, 현무암은 어둡고 짙은 회색이다. 색깔이 다르다는 것은 암석을 구성하는 광물이 같지 않다는 뜻이다. 광물이 다르면 화학 성분도 차이가 있다. 화강암은 규장질 마그마가 식어서 된 암석이고, 현무암은 고철질 마그마가 식어서 된 암석이다.

　화강암을 구성하는 주요 광물은 석영, 장석, 흑운모다. 가장 크게 눈에 띄는 붉은색 광물은 정장석이다. 하얀색 광물은 사장석이고, 사진에서는 회색으로 보이지만 알갱이를 햇빛에서 보면 투명한 광물은 이산화규소 결정인 석영이다. 김 가루가 붙은 것처럼 보이는 까만 광물은 흑운모다. 맨손으로 젖은 모래 장난을 하고 나면 손등에 흑운모가 비늘처럼 붙어서 잘 떨어지지 않는 경우가 흔하다.

현무암은 검은 깨를 갈아서 만든 떡처럼 보인다. 현무암을 만드는 광물은 감람석, 휘석, 사장석이다. 감람석과 휘석은 철과 마그네슘 성분이 많아 어두운 색을 띤다.

그럼, 사장석은 화강암에도 포함되고 현무암에도 포함될까?

맞다. 사장석은 지각에 가장 풍부한 광물로서 화성암의 모든 종류에 포함된다. 각섬석은 사장석보다 양이 적지만 여러 종류의 화성암에 조미료처럼 포함된다.

둘째는 입자 크기다.

사진의 화강암을 구성하는 광물은 흔히 콩, 팥 정도의 크기로 굵게 성장한다. 이처럼 광물 알갱이가 맨눈으로 크게 잘 보이는 경우 현정질顯晶質 조직이라고 하는데, 거칠고 굵은 입자라는 뜻의 조립질粗粒質 조직 또는 입자 형상이라는 뜻의 입상粒狀 조직 등 다양한 표현을 쓴다.

현무암을 구성하는 광물의 입자는 너무 작아서 맨눈으로는 잘 보이지 않는다. 이 같은 경우 입자가 안 보인다는 뜻의 비현정질非顯晶質, 미세한 입자라는 뜻의 세립질細粒質 조직, 유리와 같다는 뜻의 유리질琉璃質 조직 등의 표현을 쓴다. 현무암에 숭숭 뚫린 구멍은 용암이 식을 때 빠져나간 기체들이 남긴 자국이다.

화강암과 현무암은 둘 다 마그마가 식어서 된 암석인데 어떤 차이로 인해 입자 크기가 다른 것일까?

마그마는 여러 가지 광물이 함께 녹아 있는 뜨거운 액체다. 그 여러 가지 광물들은 응고점^{녹는점}이 서로 다르다. A라는 광물은 1000℃에서 결정으로 굳기 시작하고, B라는 광물은 900℃에서 굳기 시작하고, C라는 광물은 800℃에서 결정으로 굳기 시작한다고 가정해보자.

마그마가 식을 때 A는 1000℃에서 결정으로 굳기 시작했다. 그런데 마그마가 오랫동안 1000℃ 가까운 온도를 유지하면 어떨까? A라는 광물을 만드는 성분들은 자꾸 모여서 결정이 되지만, B와 C는 계속 액체 상태로 존재하므로 결정이 되지 못한다. 이윽고 마그마 온도가 900℃가 되면 그제야 비로소 B가 결정으로 굳기 시작한다. 그런데 마그마의 냉각 속도가 느린 상태에서는 B도 느긋하게 알갱이 크기를 키워간다. 물론 앞서 결정이 된 A가 자리를 차지하고

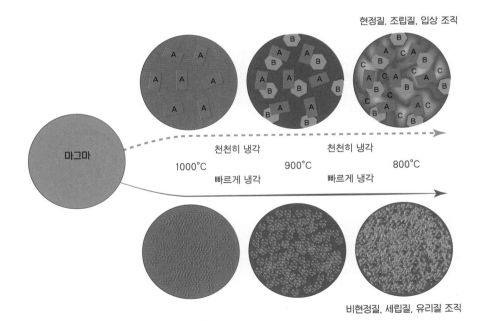

〈그림 3-13〉 응고점에 따라 달라지는 암석의 결정 조직

있어서 자기 형태를 잘 갖춘 결정 모양을 만들지는 못해도 나름대로 굵은 알갱이로 성장한다. C는 마그마 온도가 800℃로 낮아진 연후에야 굳기 시작했다. 이미 결정으로 굳어진 A와 B가 자리를 차지하고 있으니 C가 자기 형태를 갖춘 결정으로 성장하지는 못해도 순수한 혈통의 성분으로 굳을 수는 있다. 이처럼 마그마가 식을 때 응고점이 다른 광물들이 분리되어 결정으로 식는 과정을 '분별결정작용'이라고 한다. 분별결정작용이 잘 되려면 온도 변화가 천천히 진행되어야 한다. 그래야 같은 성분끼리 모일 시간이 충분하여 입자의 크기가 커진다.

마그마의 냉각 속도가 빠른 경우에는 동일한 종류의 광물끼리 합쳐져서 성장할 시간이 부족하므로 자잘한 알갱이 상태에서 굳어버린다. 집단의 구성원들이 흩어져서 점조직인 상태로 세립질 조직이나 유리질 조직이 되는 것이다.

그러므로 입자가 굵은 화강암은 지하 깊은 곳에서 마그마가 천천히 식으면서 만들어진 암석이고, 현무암은 지표 가까운 곳이나 지상으로 마그마가 흘러나와서 빠르게 식어서 만들어진 암석이다.

마그마의 냉각 속도는 화성암 산출 상태와 밀접한 관계가 있다. 산출 상태는 마그마가 지층을 뚫고 나올 때의 형상을 말한다. 마그마의 지하 본거지라고 할 수 있는 곳은 저반底盤, 저반으로부터 불쑥 솟아오른 부분을 암주巖柱, 기둥 모양으로 뻗으면 암경巖頸, 나뭇가지처럼 뻗으면 암맥巖脈, 넓적한 밥상처럼 퍼지면 암상巖床, 덩어리 떡처럼 뭉치면 병반餠盤이라고 한다. 산출 상태에 따른 주요 화성암과 구성 광물을 나타내면 〈그림 3-14〉와 같다. 서울 북한산은 1억 5000만 년 전 암주 형태로 관입한 화강암이 식어서 굳은 후에 오늘날 높은 봉우리로 드러나 있다.

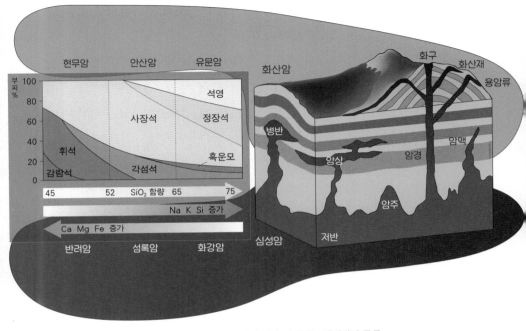

〈그림 3-14〉 산출 상태에 따라 달라지는 화성암의 종류

퇴적암은 어떻게 분류하는가?

퇴적암은 풍화된 암석 가루가 쌓여서 굳거나, 소금처럼 물에 녹아 있던 성분이 가라앉아 굳거나, 생물체의 유해가 쌓여서 굳은 암석을 말한다. 따라서 퇴적암은 쇄설성 퇴적암, 화학적 퇴적암, 유기적 퇴적암으로 구분한다. 퇴적물이 퇴적암으로 변화하는 과정에는 퇴적물의 무게에 짓눌려서 다져지는 작용과 점착 성분에 의해 엉겨 붙는 교결작용, 성분이 바뀌는 치환작용, 재결정작용 등의 물리화학적 변화가 동반되는데, 이러한 전체 과정을 속성작용이라고 한다. 즉 퇴적물은 속성작용을 통해 딱딱한 퇴적암으로 변하는 것이다.

쇄설성 퇴적암은 입자 크기에 따라서 역암, 사암, 실트암, 셰일 등으로 구별된다.

역암礫岩, conglomerate은 자갈지름 2mm 이상이 많이 포함된 암석으로, 자갈과 모래, 시멘트로 반죽한 콘크리트와 비슷하다. 사암砂岩, sandstone은 모래 2~1/16mm 입자가 주성분이며, 미사암微砂岩, siltstone은 모래보다 고운 입자인 미사1/16~1/256mm가 주성분이다. 셰일이나 이암泥岩, mudstone은 미사보다 더 고운 점토1/256mm 이하 입자가 굳어서 된 암석이다. 셰일과 이암의 차이는 결에 있다. 셰일은 매우 얇은 종잇장을 겹겹이 붙여서 만든 것처럼 섬세한 결이 있다. 이와 같은 셰일의 구조는 퇴적과 건조를 반복하는 과정에서 자연스럽게 생긴다. 이암은 결이 없고 덩어리 형태로 굳어서 만들어진다.

화산이 폭발할 때 쏟아져 나온 가루와 파편들이 쌓여서 굳어지는 경우도 쇄설성 퇴적암으로 분류한다. 입자가 작은 화산재가 굳어서 된 암석을 응회암凝灰岩, tuff이라고 하고, 굵은 암석의 파편이 많이 포함되면 집괴암集塊岩, agglomerate이라고 한다. 응회암은 전통 가옥의 구들장 재료로 많이 쓰였다.

화학적 퇴적암은 호수나 얕은 바다에서 화학적 성분이 침전한 후 점차 굳어서 만들어진다. 소금 성분이 침전한 후 굳어서 된 암염岩鹽, rock salt; 돌소금, $NaCl$, 황산칼슘 성분인 석고石膏, gypsum, 탄산칼슘 성분인 석회암$CaCO_3$, 탄산칼슘에 마그네슘 성분이 추가되어 만들어진 백운암白雲岩, dolomite, $CaMg(CO_3)_2$, 이산화규소 성분인 처트Chert, $SiO_2 \cdot nH_2O$ 등이 있다. 화학적 퇴적암은 대부분 기후가 고온 건조하여 물의 증발이 왕성한 지역에서 만들어지므로 증발암蒸發岩, evaporite이라고도 한다.

그럼, 현재 지구에서 화학적 퇴적암이 만들어지는 지역도 있을까?

이스라엘과 요르단 국경 사이에 있는 사해死海가 가장 좋은 사례다. 사해는 염분이 높아 물 1ℓ당 275g의 소금이 있다. 좀 과장해서 물 반 소금 반인

역암

사암

쇄설성 퇴적암

이암

셰일

암염

석고

석회암

화학적 퇴적암

처트

석탄

유기적 퇴적암

〈그림 3-15〉 퇴적암의 종류

바다가 사해인 것. 산 고등어를 사해에 집어넣으면 즉시 간고등어로 변할 것이다. 대신 물에 빠져 죽을 염려는 하지 않아도 된다. 물침대와 같은 바다라고 생각하면 된다. 맨몸으로 물에 둥둥 떠서 주스를 마시며 신문을 볼 수도 있다. 사해 바닥과 해변에는 암염과 석고가 계속 만들어지고 있다. 그리고 사해에 가면 주의할 것이 하나 있다. 맨발로는 들어가지 마시라. 해변 바닥에 만들어지는 암염은 정육면체 모양의 날카로운 결정인지라 발을 베이고 싶지 않다면 꼭 신발을 신고 들어가야 한다.

유기적 퇴적암은 생물체의 사체가 쌓여서 굳어진 암석이다. 앞서 석회암과 처트를 화학적 퇴적암으로 소개했지만, 실제로 석회암과 처트는 유기적인 성인인 경우도 흔하다. 석회질 성분의 플랑크톤이나 조개, 산호 같은 생물들이 죽어서 해저에 가라앉아 속성작용을 거치면 석회암이 되고, 규조류와 같은 생명체가 죽어서 쌓인 후 속성작용을 거치면 처트가 된다. 석회질의 퇴적물은 수심 4000m 이내에만 쌓이는데, 수심이 더 깊어지면 수압 때문에 석회질 성분의 용해도가 커져서 물에 녹기 때문이다. 그러나 규소는 4000m보다 더 깊은 심해저에서도 녹지 않기 때문에 심해저의 주요한 암석은 처트가 된다.

육지에서 만들어지는 대표적인 유기적 퇴적암은 석탄이다. 지금도 열대우림의 늪지에는 쓰러진 나무들이 차곡차곡 쌓이고 있는데, 죽은 나무들의 무게에 짓눌리면서 여러 성분이 빠져나가고 탄소 성분 함량이 증가하여 석탄이 된다. 석탄은 탄소 함량에 따라 토탄, 갈탄, 역청탄, 무연탄으로 구분하는데, 이러한 단계는 압력 증가와 관계가 깊다. 이처럼 석탄은 퇴적을 거쳐 변성에 이르는 범위를 포괄하므로 변성암의 한 종류에 포함하기도 한다.

변성암은 어떻게 만들어지는가?

변성암은 기존의 암석이 열을 받거나 압력이 가해질 때 만들어진다. 암석 온도와 압력이 바뀌면서 고체 상태에서 암석의 조직과 광물 조합 등이 변하는 것이다.

지구 내부로 들어갈수록 온도와 압력이 모두 증가하기 때문에 넓은 범위에 걸쳐 온도만 상승한다든지 압력만 상승하는 경우는 없다. 그러나 지층을 뚫고 마그마가 상승하는 지역에서는 마그마와 접촉한 암석이 열에 의해서 국지적인 변성이 일어난다. 마그마 관입암체의 두께가 몇 m 정도의 암맥 또는 암상인 경우는 불과 수 cm 정도의 변성이 일어나기도 하고 관입암체의 크기가 1km 이상이면 100m 정도의 범위까지 변성작용 흔적이 남는다. 이처럼 마그마와 접촉해서 변성이 일어나는 경우는 '접촉변성작용接觸變成作用, Contact metamorphism'이라고 하는데, 열변성작용과 함께 마그마로부터 화학 성분이 공급되어 재결정 작용이 진행되는 경우가 흔하다. 화학 성분의 공급과 함께 암석이 달구어지면 이전의 암석보다 단단하고 치밀한 조직의 암석으로 변한다. 이는 흙으로 빚은 토기를 불가마에 넣고 가열하여 도자기로 구워내는 공정과 마찬가지다.

열변성에 의해 입자가 치밀하고 단단해진 변성암을 혼펠스Hornfels라고 한다. 혼펠스는 셰일이 접촉변성되어 형성된 경우가 가장 흔하다. 매우 단단해서 석기 시대 돌화살촉의 재료로 쓰이기도 했다.

그리스와 로마의 조각상 재료로 흔히 쓰였던 대리암은 석회암이 변성된 것이다. 유백색의 대리암에 마그네슘이나 철분 등의 불순물이 들어가서 마블링marbling 문양이 나타나는 경우도 있다. 대리암의 영어명은 마블marble이다.

석영 성분의 사암이 변성되면 규암이 된다. '차돌처럼 단단하다'고 말할 때 차돌이 바로 규암이다. 규암은 풍화에 잘 견디기 때문에 돌출된 지형의 암석일 때가 많다.

　대리암과 규암은 열변성에 의해서 만들어지기도 하지만, 압력과 열이 동시에 작용하는 광역변성작용에 의해서도 만들어진다.

　줄무늬가 아름다워 아파트 조경 사업이나 정원석으로 흔히 사용되는 편마암은 '광역변성작용廣域變成作用, regional metamorphism'으로 만들어진다. 광역변성작용은 히말라야 산맥처럼 거대한 산맥이 만들어지는 과정에서 온도와 압력이 증가하여 변성이 진행된다. 따라서 광역 변성은 수백 km 이상의 폭과 너비로 나타난다.

　편마암의 굵은 줄무늬는 광물 일부가 녹을 정도의 높은 온도에서 강한 압력을 받았을 때 만들어진다. 편마암보다 약한 압력과 열을 받는 경우에는 미세한 입자가 납작하게 눌린 편암片巖, schist이 만들어진다. 편마암에 나타나는 줄무늬 구조를 '편마 구조'라고 부르고, 편암에 나타나는 구조는 '편리'라고 부른다. 편마 구조와 편리를 묶어서 지칭하는 말은 '엽리葉理, foliation'인데, 나뭇잎이 차곡차곡 쌓인 것처럼 보인다는 뜻에서 유래한 용어다. 편암보다 약한 변성을 받았고 연한 녹색을 띠는 암석은 천매암千枚巖, phyllite이라는 이름을 가지고 있다. 천매암보다 약한 변성을 받은 암석은 점판암粘板巖, slate으로 삼겹살 돌 구이를 할 때 쓰면 딱 좋은 널빤지꼴의 암석이다. 기왓장 대용으로 쓰기도 하고, 벼루의 재료가 되기도 한다.

　그렇다면 점판암을 만든 최초의 암석은 무엇이었을까?

　점판암을 만든 재료가 된 원암은 셰일이다. 그러니까 셰일이 변성되어 점판암을 만들고, 변성될수록 천매암, 편암, 편마암과 같은 암석이 만들어진다.

　그런 것을 어떻게 알까? 셰일과 편마암은 생김새도 아주 다른데. 이 사실들은 야외 관찰을 통해서 조금씩 밝혀졌다. 히말라야 산맥은 인도판과 유라시아판이 충돌하면서 솟아오른 습곡산맥으로, 중생대까지는 그 지역이 바다였

마블링이 발달한 대리암

유백색 대리암

혼펠스

규암

편마암

편암

천매암

점판암

〈그림 3-16〉 변성암의 종류

다. 그래서 셰일이나 석회암 같은 암석이 쌓여 있었는데, 두 판이 충돌하고 수천만 년 동안 서서히 지층이 찌그러지고 상승하면서 산맥의 중심부에서 화성활동이 있었다. 그리고 산맥의 주변부에서는 변성작용이 진행되었다. 산맥 주변부에서 중심부로 갈수록 셰일-점판암-천매암-편암-편마암 순으로 나타나는 것이 확인되었고, 이를 기초로 다양한 암석 연구를 진행하여 변성암의 형태를 알게 된 것이다.

화강암이 광역변성작용을 받으면 광물들이 한쪽으로 눌린 화강편마암이 만들어진다. 우리나라의 오래된 암석 지층에는 화강편마암이 가장 많다.

현무암이 광역변성작용을 받으면, 녹색 편암, 각섬암角閃巖, amphibolite, 백립암白粒巖, granulite 단계로 변성암이 생성되는데, 녹색 편암은 녹니석綠泥石, chlorite이라는 초록빛의 점토 광물을 포함하고, 각섬암은 각섬석과 사장석으로 구성되어 암녹색을 띠는 치밀한 암석이다. 백립암은 곡식 낟알과 같다 하여 붙여진 이름이다.

접촉변성작용이나 광역변성작용과는 다른 형태의 변성작용도 있다. 지진에 의해 지층이 부러지면서 강한 압력이 작용하는 경우에는 동력변성작용이 일어나 광물이 심하게 찌그러지면서 압쇄암壓碎巖, cataclasite이 만들어진다. 또한 감람암이 지하의 뜨거운 열수와 반응하여 열수변성작용熱水變成作用, hydrothermal metamorphism을 받으면 암석의 표면이 뱀의 허물처럼 보이는 사문암蛇紋巖, serpentinite이 만들어지기도 한다. 우주에서 고속으로 날아온 운석이 지구의 암석에 충돌해서 일으키는 충격변성작용shock metamorphism이 일어난 경우에는 광물이 바늘 모양으로 일제히 벌떡 일어나 깔때기 모양으로 늘어선 형태를 보이기도 한다.

주요한 암석들을 총정리하면 다음과 같다.

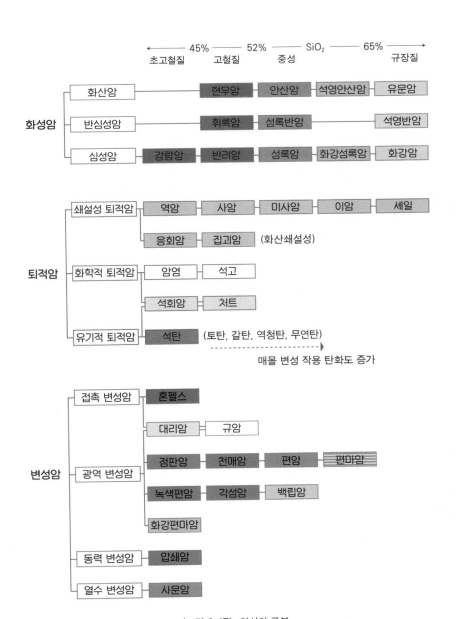

〈그림 3-17〉 암석의 구분

4

지구는 어쩌다 이렇게 달아올랐을까?

– 지구의 온도

서울에서 잰 지구의 온도는?

한여름에도 선선한 계곡, 왜 그럴까?

기상청 기후 자료에 의하면 30년[1981~2010] 동안 서울의 연평균 기온은 12.5℃, 광주는 13.8℃, 부산은 14.7℃, 서귀포는 16.6℃다. 사람 살기에 대한민국보다 더 좋은 곳은 아마도 없지 싶다.

그런데 일기예보에서 발표하는 기온은 정확히 어느 지점의 온도를 말할까? 서울이 12.5℃라면 한강 둔치 온도일까, 남산 꼭대기의 온도일까? 정답은 일곱 살 어린이 키 높이인 1~1.2m, 백엽상 높이의 온도다. 만약 사람이 개미처럼 기어 다니거나 독수리처럼 높이 나는 존재였다면 온도를 측정하는 기준 높이는 달라졌을 거다.

서울을 예로 지표면의 온도 분포를 살펴보자. 서울은 동서 길이가 약 37km, 남북 길이가 약 30km다. 그렇다면 서울 김포공항의 온도가 12.5℃일 때, 동쪽으로 15km 떨어진 시청과 30km 떨어진 암사동 선사 주거지의 온도는 얼마쯤 될까? 30km를 걸어서 이동한다면 열 시간은 족히 걸리는 거리지만 해발고도 차이가 별로 없으므로 기온도 거의 비슷하다.

그렇다면 서울에서 가장 기온이 낮은 곳은 어디일까? 서울시에서 온도가 가장 낮은 곳은 북한산 최고봉인 백운대가 될 거다. 지표에서 100m씩 멀어질 때마다 약 0.65℃씩 기온이 낮아지기 때문이다. 백운대의 해발 고도는 836m이므로 서울시 평지보다 800m 정도 높다고 가정하면, 약 5℃ 정도 기온이 낮

〈그림 4-1〉 서울시의 온도

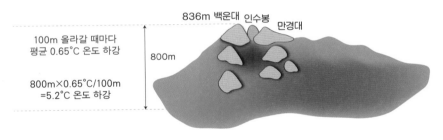

〈그림 4-2〉 서울에 있는 산의 온도

아진다800m×0.65℃/100m=5.2℃. 따라서 서울의 평지 기온이 15℃일 때 백운대는 약 10℃일 것으로 예상할 수 있다.

그런데 왜 높이 올라갈수록 기온이 낮아질까? 크게 두 가지 요인이 복합적으로 작용한다.

첫째 요인은 지표에서 방출하는 적외선 열로부터 멀어지기 때문이다. 이

는 달궈진 프라이팬에서 손을 멀리할수록 전해지는 열기가 적어지는 원리와
같다. 우리 눈으로는 볼 수 없지만, 지표는 태양복사에너지를 흡수하여 따뜻
하게 달궈진 상태에서 적외선을 방출한다. 그러므로 지표에서 먼 상공은 적외
선이 적게 도달하니 그만큼 기온이 낮은 것이다.

산꼭대기도 햇빛을 받아 가열된 후 적외선을 방출하지 않느냐고? 오히려
산꼭대기가 태양에 가까운데 평야보다 추운 게 이상하다고?

좋은 질문이다. 그렇지만 지구 규모에서 보면 산이나 평야나 태양까지의
거리 차이는 의미가 없다. 지구에서 태양까지의 거리가 1억 5000만km인데 겨
우 몇천 m 높거나 낮은 것이 무슨 차이가 있겠는가. 그런데 상공의 대기는 수
평적으로 이동하는 강한 바람에 의해서 열이 흩어지므로 평야 지대 상공과
산꼭대기 온도가 거의 비슷해진다. 그러므로 산꼭대기는 평야보다 온도가 낮
을 수밖에 없다. 또한 온도가 낮으면 방출되는 적외선 복사에너지도 약해지므
로 산꼭대기 공기의 가열은 더욱 어려워진다.

산꼭대기 온도를 낮추는 중요한 원인이 또 있다. 지면의 공기 덩어리가 빠

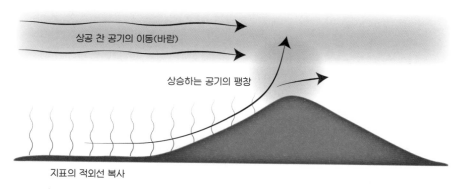

상공 찬 공기의 이동(바람)

상승하는 공기의 팽창

지표의 적외선 복사

〈그림 4-3〉 산꼭대기의 온도가 낮은 원리

르게 상공으로 상승하는 경우 공기 덩어리가 팽창하기 때문이다. 공기 팽창은 상공의 기압이 지면보다 낮아서 일어나는 현상이다. 공기가 팽창하면 주변에 일을 하는 것과 같아서 에너지를 소비하므로 온도가 떨어지는데, 100m 상승할 때마다 약 1℃씩 온도가 떨어진다. 그러므로 바람이 불어 공기가 산을 타고 빠르게 상승할 때는 냉각되어 구름이 생길 때가 잦다.

상공의 온도 변화는 -100~2000℃?

서울시를 수직으로 세운다고 가정해보자. 김포공항이 지면이라고 생각하면 시청은 상공 15km가 된다. 이렇게 되면 수평일 때와는 달리 온도 차이가 벌어진다. 김포공항은 15℃ 그대로인데, 시청은 -60℃ 이하가 된다.

그렇다면 15km보다 올라가면 점점 추워질까? 과학자들이 기구를 띄워 온도를 측정해보니 그렇지 않았다. 상공 15km 이후부터 기온이 조금씩 상승하여 상공 50km 부근에 이르면 -3℃ 정도의 초겨울 날씨 온도와 비슷해진다. 어찌 된 일일까?

20세기 초, 과학자들은 태양광 분석 실험을 하면서 대기 상층에서는 파장 150~320nm^{나노미터*}의 자외선^{UV**}이 관측되지만, 지상에서는 관측되지 않는다는 사실을 알게 되었다.

'자외선은 중간에 어디로 사라졌을까? 대기 중에 자외선을 흡수하는 성분이 있는 것은 아닐까?'

이처럼 추측한 과학자들은 그 성분이 바로 산소 분자^{O_2}와 오존^{O_3}이라는

---

* 1nm: 10억 분의 1m

** 자외선^{ultraviolet}: 자외선은 UV-A$^{400~315nm}$, UV-B$^{315~280nm}$, UV-C$^{280~100nm}$로 구분한다. 파장이 짧은 자외선일수록 생명체 세포를 파괴하는 능력이 강하다.

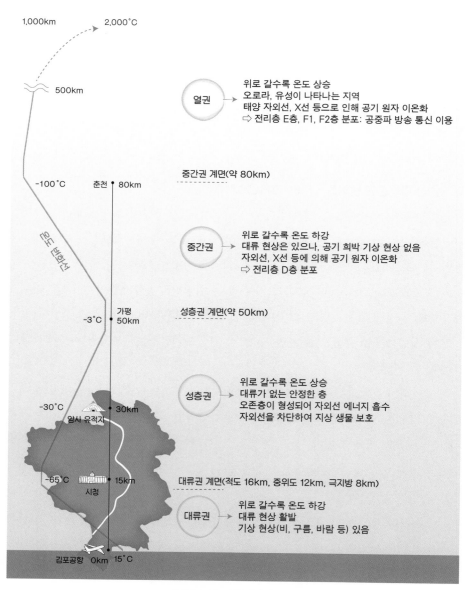

1,000km → 2,000°C

500km

열권
- 위로 갈수록 온도 상승
- 오로라, 유성이 나타나는 지역
- 태양 자외선, X선 등으로 인해 공기 원자 이온화
  ⇨ 전리층 E층, F1, F2층 분포: 공중파 방송 통신 이용

-100°C 춘천 ● 80km   중간권 계면(약 80km)

중간권
- 위로 갈수록 온도 하강
- 대류 현상은 있으나, 공기 희박 기상 현상 없음
- 자외선, X선 등에 의해 공기 원자 이온화
  ⇨ 전리층 D층 분포

-3°C 가평 ● 50km   성층권 계면(약 50km)

성층권
- 위로 갈수록 온도 상승
- 대류가 없는 안정한 층
- 오존층이 형성되어 자외선 에너지 흡수
- 자외선을 차단하여 지상 생물 보호

-30°C 암사 유적지 ● 30km

온도 변화선

-65°C 시청 ● 15km   대류권 계면(적도 16km, 중위도 12km, 극지방 8km)

대류권
- 위로 갈수록 온도 하강
- 대류 현상 활발
- 기상 현상(비, 구름, 바람 등) 있음

김포공항 ● 0km 15°C

〈그림 4-5〉 산꼭대기의 온도

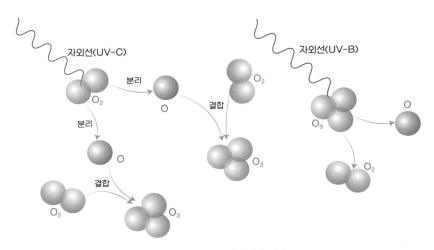

〈그림 4-4〉 오존의 생성과 파괴

것을 알아냈다.

산소 분자가 짧은 파장의 자외선$^{UV-C}$ 에너지를 흡수하여 산소 원자로 깨진 후, 깨지지 않은 산소 분자와 결합하여 오존을 만든다. 생성된 오존은 곧바로 약간 긴 파장의 자외선$^{UV-B}$에 의해 분해되어 산소 분자와 원자로 되돌아간다. 그리고 다시 오존으로 결합하는 과정을 반복한다.

이러한 과정이 있어서 오존 농도는 유지되며, 생명체에 치명적인 자외선은 대부분 차단된다. 이 과정에서 자외선 에너지가 흡수되므로 상공 15~50km 구간의 온도가 상승하게 된다.

지상에서 상공 15km까지는 대류가 잘 일어나는 온도 구조를 가지므로 '대류권'이라고 불리며, 15~50km는 대류가 잘 일어나지 않는 안정한 층으로 '성층권'이라는 이름으로 불린다.

상공 50~80km 구간김포공항을 기준으로 할 때 가평에서 춘천 사이의 구간은 에너지의 사각지대다. 태양에서 날아오는 자외선을 흡수할 수 있는 산소나 오존이 희박하고 아울러 지구의 지표에서도 멀기 때문이다. 그래서 80km 상공은 -90~-100℃로 온도가 매우 낮다. 어중간한 높이여서 대기권에서 가장 낮은 온도를 보이는 이 구간을 '중간권'이라 부른다.

　80km 지점인 춘천을 지나 강원도로 계속 가볼까? 이곳에서는 지상에서 쓰는 온도계로 온도를 측정하는 일이 무의미해진다. 지상의 온도계는 아주 많은 공기 분자와 접촉해 가열되거나 냉각되면서 온도의 눈금이 표시되지만, 이곳은 공기가 너무 희박하므로 그와 같은 방식으로는 측정이 어렵다. 그래서 과학자들은 공기 입자들이 날아다니는 평균 속도를 측정하여 온도의 기준으로 삼았다. 입자들의 운동 속도가 빠르면 온도가 높고, 느리면 온도가 낮은 것으로 파악하는 것이다. 그런데 공기 입자들의 운동 속도*는 낮과 밤에 따라 크게 달라진다.

　낮에 태양에서 날아온 감마선γ-ray이나 엑스선X-ray에 의해 타격받은 공기 입자는 매우 빠른 속도로 날아다닌다. 그와 같은 속도는 2000℃의 온도로 가열된 상태와 같으므로 80km 이상의 대기는 열권이라고 불린다. 열권의 높이는 대략 500km까지로 보며, 그 이후부터 1000km까지는 외기권이라는 이름으로 불린다.

　열권과 중간권에서는 태양에서 날아온 감마선, 엑스선, 자외선 등 에너지가 강한 복사파가 희박한 공기 입자를 타격하여 속박되어 있던 전자를 떨어지게 한다. 따라서 떨어져 나간 전자는 자유전자가 되고, 전자를 잃은 공기 입자는 이온이 된다. 그래서 일정한 구간에 자유전자와 이온이 많아진 층이 형성되는데 이를 '전리층'이라고 한다.

---

* 상층 대기 입자들의 운동 속도는 대기에 반사된 빛의 도플러 효과를 이용하여 측정한다.

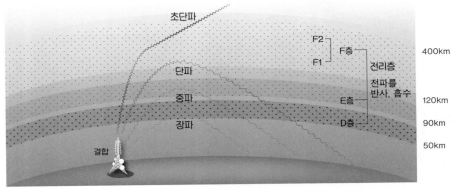

〈그림 4-6〉 전리층

전리층은 D, E, F1, F2 네 개의 층이 있는데, D층은 중간권에 분포하고 나머지 E, F1, F2층은 열권에 분포한다. 전리층은 전파를 흡수하거나 반사하는 특성이 있어서 전파 통신에 이용된다. 산 너머 먼 곳까지 라디오 전파가 송신되는 것은 전리층의 전파 반사를 이용한 것이다.

서울시 땅속은 600~900℃, 그 에너지원은?

이번엔 서울시를 개미굴처럼 수직으로 세워 땅속에 건설했다고 가정해보자. 김포공항이 지상에 있고, 시청은 지하 15km 지점, 암사동 선사 주거지는 지하 30km에 위치하게 말이다.

지하로 들어가면 뜨거워진다는 사실은 광산에서 일하는 분들이 잘 알고 계실 것이다. 그럼 얼마나 뜨거워질까?

가장 확실한 방법은 땅을 파서 온도를 재보는 것이다. 연구를 위해 땅을 뚫는 작업을 '시추'라고 하며, 과거에 여러 나라에서 시도한 바 있다. 그중 가

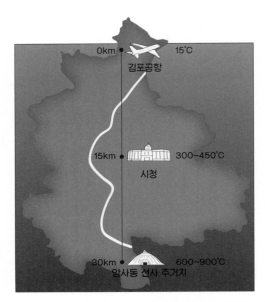

지하 증온율 2~3℃/100m

15km × 2~3℃/100m = 300~450℃

30km × 2~3℃/100m = 600~900℃

〈그림 4-7〉 서울시를 수직으로 세워 땅속에 건설한 것으로 가정했을 때

장 유명한 시추 구멍은 러시아의 콜라 반도에 있는데, 그 깊이는 12,262m[*]다. 그 깊이에서 측정된 온도는 180℃였고, 만약 15km까지 뚫었다면 300℃에 육박할 것으로 당시의 과학자들은 예상했다. 콜라 반도 시추공의 경우 지하 온도 상승률이 100m에 2℃ 정도였던 것이다. 수직으로 땅속에 건설한 서울시에도 콜라 반도와 같은 지하 증온율을 적용해보자. 그러면 지하 15km 깊이에 위치한 시청의 온도는 300℃가 되고, 지하 30km 깊이에 위치한 암사동 선사 유적지의 온도는 600℃가 된다.

지구 내부의 열원은 무엇일까? 암석 속에 열을 내는 물질이라도 있는 것은 아닐까?

---

[*] 위키 백과 참조.

돌멩이에서 열이 날 수 있다는 발상은 좋은 생각이다. 당장 밖으로 나가서 돌을 주워다가 밀폐된 상자에 넣고 열이 나는지를 측정해보면 어떨까? 실제로 암석에서는 열이 나지만, 우리가 가지고 있는 온도계로 온도 변화를 알려면 100만 년쯤 기다려야 할 거다. 허나 돌멩이 온도가 100만 년에 1℃만 상승한다고 해도 지구 속 온도가 수천 ℃에 이르는 것은 어렵지 않다. 지구의 나이는 45억 살이니 100만 년에 1℃씩 상승했다고 쳐도 지구 속 온도가 4500℃가 되기 때문이다.

과학자들은 암석 속에 우라늄^{U}이나 토륨Th 같은 방사성 물질이 들어 있고, 그와 같은 방사성 물질이 붕괴하여 안정한 원소로 변할 때 열이 발생한다는 것을 알아냈다. 그것이 지구의 속을 뜨겁게 만든 주원인이라는 것도.

또한 45억 년 전 지구가 생성될 때 미행성^{planetesimal}들이 중력에 이끌려

방사성 원소의 붕괴

헬륨핵 방출
α 붕괴

전자 방출
β 붕괴

전자 방출
β 붕괴

우라늄-238 → 토륨-234 → 포로트악티늄-234

헬륨핵 방출
α 붕괴

납-206이
될 때까지
붕괴 ← 토륨-230 ← 우라늄-234

46억 년 동안 방사성 원소의 붕괴열 축적

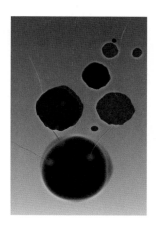

중력 에너지에 의한
미행성 충돌

지구 탄생시 온도 상승

〈그림 4-8〉 지구 내부의 열원

충돌함으로써 생긴 에너지가 1000℃ 정도의 열을 일으켰을 것으로 추정한다. 그러니까 지구 속 온도가 뜨거운 것은 '방사성 원소의 붕괴열'과 '중력 에너지'가 더해진 것이다.

지구 내부로 몇 km만 들어가도 엄청나게 뜨겁지만 다행히 지표는 열전도율이 낮은 암석과 토양으로 덮여 있어서 생물이 타죽을 염려는 없다.

가장 더운 적도가 위험하지 않을까?

적도는 왜 덥고, 극은 왜 추운 것일까?

37℃ 온탕에 몸을 담그면 기분이 좋아진다. 물 온도를 약간 더 올려서 40℃가 되면 어떨까? 3℃ 차이인데도 꽤 뜨겁게 느껴진다. 그럼 우리 몸 자체의 온도가 40℃가 되면 어떻게 될까? 그 온도가 지속되면 달걀 흰자위처럼 부드러운 뇌의 한 부분이 살짝 익어버릴 수도 있다. 그래서 열 감기에 걸리지 않도록 조심해야 하는 거다.

그런데 사람만 온도에 예민할까? 대부분 생명체는 온도에 매우 민감하다. 그래서 2~3℃ 온도 차로 인해 조류, 파충류의 알이 부화하지 못하거나, 플랑크톤이 대량으로 멸종하기도 한다.

그렇다면 우리가 사는 지구 온도는 어떨까? 지구 전체가 살기에 적당한 온도일까? 적도에 위치한 인도네시아 폰티아낙의 일평균 최고 기온은 32.7℃이며, 연중 6개월은 비가 내린다. 적도에서 남쪽으로 78.5°^{남위 78.5°} 떨어진 남극 대륙의 보스토크 관측 기지의 연평균 기온은 -55℃이고, 가장 추웠던 기록은 -89.2℃다.

그런데 왜 폰티아낙은 덥고, 보스토크 기지는 추울까?

가장 먼저 "적도가 태양에 가까우니까 뜨거운 것이 아닐까?"하고 생각했다면, 주머니에서 동전을 꺼내 책상 위에 빙그르르 회전시켜보자. 회전하는 동전의 어느 부분이 내게 더 가깝다고 할 수 있을까? 지구는 회전하는 동전과

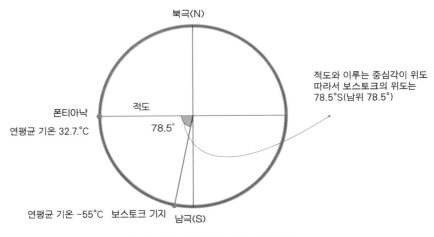

적도와 이루는 중심각이 위도
따라서 보스토크의 위도는
78.5°S(남위 78.5°)

폰티아낙
연평균 기온 32.7°C

적도

78.5°

연평균 기온 -55°C   보스토크 기지   남극(S)

〈그림 4-9〉 폰티아낙과 보스토크의 위도

같아서 지구의 어느 지역에서나 태양까지의 평균 거리는 똑같다.

지구에서 태양까지의 평균 거리는 약 1억 5000만km이고 지구 반지름은 약 6370km다. 그러므로 적도가 극보다 6370km 태양에 가깝다 하더라도 150,000,000 : (150,000,000−6,370) ≒ 150,000,000 : 149,993,630 = 235 : 234.99 다. 그러므로 235m 거리에 용광로가 있을 때, 1cm 정도 더 가까운 셈이다. 그러니 거리 차이 때문에 더 뜨겁다고 할 수는 없다.

그런데도 적도와 극 지역의 온도가 수십 ℃ 이상 차이가 나는 이유는 무엇일까? 가장 중요한 원인은 태양 광선이 지면을 비추는 각도에 있다.

태양 광선은 파동이면서 입자와 같은 성질을 띤다. 태양 광선은 빛 입자 광자의 다발이다. 같은 크기의 널빤지를 폰티아낙과 보스토크 지면에 각각 놓아 보자. 〈그림 4-10〉에서 폰티아낙에 놓인 널빤지에 광자 열 다발이 쏟아져 들어갔다고 가정했을 때, 보스토크에 놓인 널빤지에는 광자 몇 다발이 도착했을까? 빨간색 선 두 개가 노란 널빤지에 닿았으니 두 다발이라고 할 수 있

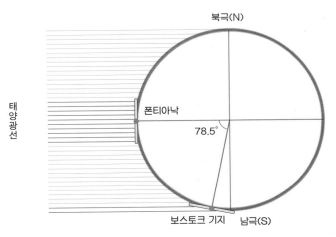

북극(N)

태양광선

폰티아낙

78.5°

보스토크 기지   남극(S)

〈그림 4-10〉 위도 차에 따른 태양광의 입사 각도 차이

다. 10 : 2의 비율로 에너지를 받는다면 당연히 온도 차이가 생기지 않을까? 그래서 폰티아낙은 덥고 보스토크는 추운 것이다. 그런데 지구의 자전축은 공전 궤도의 축 방향에 대해 23.5° 기울어 있어서 겨울이 되면 남극의 보스토크에는 한 다발의 햇빛도 도달하지 않는다. 캄캄한 밤만 계속되는 극야가 되는 것이다. 몇 개월 이상 밤만 계속되면 에너지 수입은 없고 지출만 있는 셈이다. 여기서 지출이란, 지구가 적외선 형태로 우주를 향해 방출하는 지구복사에너지다. 햇빛을 받지 못하여 에너지 적자가 계속되면 지표와 대기는 점점 차가워져서 -80℃ 이하까지 온도가 내려가기도 한다.

그렇다고 적도가 제일 뜨거운 곳은 아니다

미국 모하비 사막북위 35°은 한여름에 49℃까지 기온이 오르며, 이곳에 있는 데스밸리는 56.7℃를 기록한 적이 있다. 그래서 죽음의 계곡인 모양이다. 그

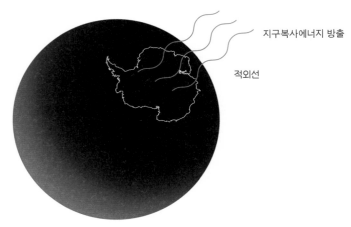

지구복사에너지 방출

적외선

〈그림 4-11〉 지구에서 방출하는 복사에너지

런데 이곳의 최고 기온 기록이 적도를 능가하는 까닭은 무엇일까?

　　아침에 태양이 동쪽 지평선에서 떠오르기 시작하는 순간에는 태양의 고도는 0°다. 고도는 지면과 천체가 이루는 각도를 말한다. 그러므로 태양이나 달이나 또는 어떤 별이든지 동쪽 지평선에서 떠오를 때의 고도는 모두 0°다. 그러나 지구의 자전에 의해 떠오른 천체가 정남 방향에 오는 순간에는 지면과 이루는 각도가 최대가 된다. 이때를 '남중'이라고 하고, 남중한 천체와 지평면이 이루는 각을 '남중고도'라고 한다.

　　태양의 남중고도는 막대기와 각도기만 있으면 잴 수 있다. 막대기를 지면에 수직으로 꽂은 뒤 태양이 정남 방향에 올 때, 햇빛에 의해 생기는 그림자를 이용하여 각을 잰다. 정말 간단하지 않은가? 태양이 정남에 위치할 때 막대기의 그림자 길이도 최소가 된다.

　　그런데 매번 막대기를 이용하여 측정하는 것은 번거롭기도 하고 시간이 오래 걸린다. 더구나 모하비 사막 데스밸리에서 태양의 남중고도가 얼마인지

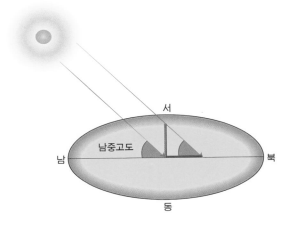

〈그림 4-12〉 남중고도

알기 위해 거기까지 가야 하는 수고를 기꺼이 할 사람이 과연 몇이나 있을까? 이럴 때 천체의 좌표 방식을 익혀 두면 간단하게 남중고도를 알 수 있다.

남중고도 공식은 다음과 같다.

$$남중고도 = 90° - 위도 + 적위$$

'적위'는 우주의 적도와 어떤 천체가 이루는 각도를 말한다. 우주의 적도는 지구의 적도를 우주 공간에 무한히 펼쳤다고 가정했을 때 그려지는 둥근 원으로 학문적으로는 '천구 적도'라는 용어를 쓴다. 그 천구 적도와 천체가 이루는 각이 적위인 것이다. 이때 북반구에 해당하는 우주에 천체가 있으면 적위는 양수(+)로 표시하고, 남반구에 해당하는 우주에 천체가 있으면 적위 값은 음수(-)로 표시한다.

지구의 공전 궤도는 천구 적도와 23.5°를 이룬다. 그래서 태양의 적위는 연중 내내 달라진다. 하지 때에는 태양의 적위가 23.5°가 되고, 춘분과 추분

과학으로 한걸음 더 남중고도를 구하는 방법

하짓날 위도 35°인 모하비 사막 데스밸리의 남중고도를 구하는 식은 삼각형의 내각의 합은 180°도라는 사실과 엇각의 크기는 같다는 사실로 구할 수 있다.

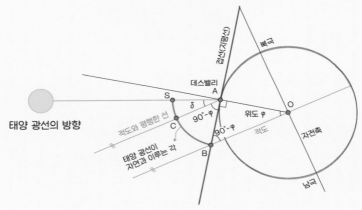

천체(태양, 별, 행성 등)의 남중고도(∠BAS) = 90°−φ+δ

그림의 A에서 그린 원의 접선_{원의 중심 방향에 수직인 선}은 데스밸리의 지평면이다. 지구 크기와 비교하면 인간은 개미처럼 작아서 시야에 보이는 지평면은 거의 평면이나 다름없기 때문이다.

위도°는 지표상의 어느 지점과 적도면이 이루는 교각을 의미한다. 그러므로 ∠AOB는 φ이고, 삼각형의 내합은 180°이므로 ∠ABO는 90°−φ다. 그리고 ∠BAC는 ∠ABO와 엇각이므로 크기가 같은 90°−φ다. 그러므로 지면과 태양광선이 이루는 각 ∠BAS는 90°−φ+δ가 되며, 이로부터 태양의 남중고도를 구할 수 있다.

때는 0°가 되며, 동지 때에는 적도보다 남쪽으로 내려가 −23.5°가 된다. 그러므로 태양의 적위가 23.5°인 하짓날, 위도 35°인 데스밸리에서 태양의 남중고도는, 90°−위도+적위=90°−35°+23.5°=78.5°가 된다.

하짓날 태양의 남중고도가 78.5°인 데스밸리가 남중고도 90°가 되는 여타의 지역들을 제치고 세계 최고 기온 기록을 보유한 데에는 다른 요인이 있다. 그것은 여러 가지 복합적인 기후인자들 때문이다. 기후인자는 '기후에 영향을 미치는 요인'을 말한다. '위도'는 태양복사에너지 양과 밀접한 상관관계가 있으므로 기후에 가장 큰 영향을 주는 기후인자다. 그렇지만 위도 이외에도 다양한 인자가 기후에 영향을 준다.

위도가 같은 지역이라도 내륙과 해안의 기후는 차이가 있으므로 지리적인 요인이 기후인자가 된다. 또한 고지대인지 저지대인지에 따라서 기후가 달라지므로 해발고도도 기후인자가 된다. 아울러 태백산맥처럼 높은 산맥이 가로막는 경우 산맥 양쪽 지역의 기후가 달라지니 지형적인 요인도 기후인자가 된다. 해류의 영향으로 선선해지거나 따뜻해지기도 하니 해류 또한 기후인자

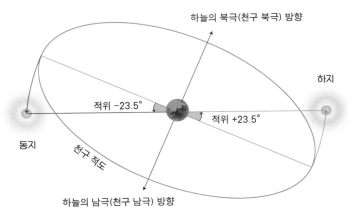

하늘의 북극(천구 북극) 방향

하지

적위 −23.5°

적위 +23.5°

동지

천구 적도

하늘의 남극(천구 남극) 방향

〈그림 4-13〉 동지와 하지의 남중고도

다. 지구 대기 대순환이나 편서풍 파동, 계절풍과 같은 대기의 순환도 기후를 결정하는 중요한 기후인자다. 이처럼 기후인자는 아주 많다.

데스밸리가 뜨거운 이유는 기후인자를 분석해보면 알 수 있다.

적도 지역은 열대 우림 기후로 구름과 강수량이 풍부하고 숲이 우거져서 밤낮의 온도 차가 크지 않다. 그에 반해 데스밸리는 강수량이 적고 숲이나 호수가 없는 사막 기후여서 밤낮의 온도 차가 심하다.

또한 위도가 다르면 계절에 따른 낮의 길이가 크게 달라진다. 적도 지역은 태양이 지평면에 수직으로 뜨고 지기 때문에 계절에 따른 밤낮 길이의 차이가 없다. 그러나 적도에서 극지방으로 갈수록 태양은 지면에 비스듬하게 뜨고 진다. 그래서 고위도로 갈수록 낮과 밤의 길이 차이가 심해진다. 그러므로 여름철에는 적도의 폰티아낙보다 중위도의 데스밸리에서 낮의 길이가 훨씬 길어진다.

따라서 평균 기온을 비교하면 적도의 폰티아낙이 높겠지만, 최고 기온기록은 데스밸리가 보유한 것이다.

과학으로 한걸음 더 밤낮의 길이는 일주권 맘대로

아래 그림은 적도에서의 일주권과, 위도가 φ인 지방에서의 태양의 일주권을 나타낸 것이다. 적도는 위도가 $0°$이므로 일주권이 지면과 $90°-0°=90°$의 각을 이룬다. 태양의 일주권이 지면과 $90°$의 각을 이루기에 적도는 1년 내내 밤낮의 길이 차이가 없다. 여름이나 겨울이나 12시간은 낮이고 12시간은 밤이란 뜻. 반면에 지면과 태양의 일주권이 이루는 각이 작아질수록 여름과 겨울의 밤낮 길이 차이가 심해진다. 데스밸리는 위도가 $35°$이므로 지평면과 일주권이 이루는 각이 $90°-35°=55°$다. 따라서 겨울 동짓날은 낮의 길이가 9시간 50분 정도로 짧지만, 여름 하짓날에는 낮의 길이가 14시간 10분 정도로 길어진다.

고위도로 갈수록 일주권은 지면과 더욱 비스듬해지므로 북극에 가까운 북유럽이나 캐나다 지방은 한여름 밤 10시 무렵에도 해가 떠 있다. 물론 겨울에는 반대로 낮이 짧고 밤이 길어진다. 남북위 $66.5°$ 이상 되는 고위도에는 적어도 하루 이상의 백야白夜, midnight sun와 극야極夜, polar night가 생긴다. 백야는 해가 지지 않는 날, 극야는 해가 뜨지 않은 날을 일컫는다. 북극이나 남극은 어떨까? 북극과 남극은 공전에 의해서 해가 뜨고 지는 셈이어서, 6개월 동안 낮이고 6개월은 밤이 지속된다.

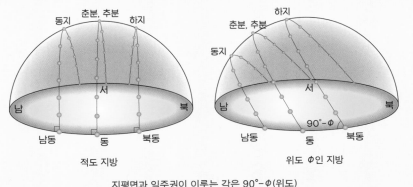

적도 지방   위도 Φ인 지방

지평면과 일주권이 이루는 각은 $90°-Φ$(위도)

적도의 열기는 뭐가 식히지?

바닷속은 덥지 않을까?

바닷물은 소금 성분이 있어서 -2℃ 정도까지 온도가 내려가도 얼지 않는다. 그와 같은 해수 온도는 남극 대륙이나 북극해 근처에서 나타난다.

적도는 연중 내내 날씨가 더우므로 적도의 바닷물은 25℃ 이상 올라간다. 그러나 그처럼 따뜻한 온도는 바다 표면에만 국한된다. 수심이 깊어지면 바닷물 온도는 급격하게 내려가고 수심이 1000m 정도 되면 수온은 4℃ 정도가 된다. 그리고 해저 바닥까지 그 온도를 유지한다. 4℃는 가정용 냉장고의 온도다. 적도는 일 년 내내 더운데, 바닷물 온도는 어떻게 그처럼 낮은 채 유지될까? 이를 설명하려면 바닷물의 가열과 냉각이 일어나는 원리를 생각해보아야 한다.

바다를 가열하는 주요한 에너지는 태양복사에너지이다. 그런데 햇빛이 가열하는 부분은 바다 표면이고, 수심 100m 이상 깊은 곳은 태양에너지가 도달하지 못한다. 그래서 심해의 물은 깜깜하고 차갑다. 그 어두운 심해의 물은 남극과 북극 주변의 차가운 바다에서 냉각된 물이 심해로 가라앉으며 이동하여 온 것이다.

냉각된 물은 왜 가라앉을까? 온도가 낮으면 물 분자의 운동이 활발하지 않아 분자끼리의 간격이 좁아지기 때문이다. 물 분자가 오밀조밀 모여 있으면 부피당 질량, 즉 밀도˚가 증가한다. 물의 밀도는 온도나 염분량에 따라서 달라

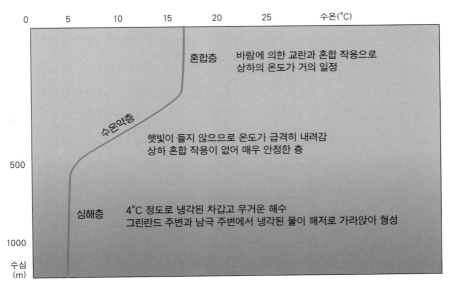

| 수온(℃) |
| 0   5   10   15   20   25 |

혼합층　　바람에 의한 교란과 혼합 작용으로
　　　　　상하의 온도가 거의 일정

수온약층

햇빛이 들지 않으므로 온도가 급격히 내려감
상하 혼합 작용이 없어 매우 안정한 층

심해층　　4℃ 정도로 냉각된 차갑고 무거운 해수
　　　　　그린란드 주변과 남극 주변에서 냉각된 물이 해저로 가라앉아 형성

수심
(m)

〈그림 4-14〉 중위도에서 수심에 따른 수온 그래프

진다. 온도가 낮을수록, 염분이 높을수록 물의 밀도는 높아진다.

중위도 온대 지방에서 수심에 따른 수온의 분포는 〈그림 4-14〉와 같이 나타난다.

태양 복사에너지로 가열된 표면 해수는 계절에 따라서 10~20℃ 정도까지 가열되는데, 몇백 m의 두께는 수온이 거의 일정하다. 그 이유는 바람이 불어서 파도가 일렁이며 물이 섞이기 때문이다. 수온이 거의 일정한 바다의 표면층을 '혼합층mixed layer'이라고 한다.

그런데 바람이 불어도 영향을 받지 않는 깊이부터는 수온이 내려간다. 이 구간은 수온이 비약적으로 내려간다는 뜻의 '수온약층thermocline'이라는 이름

---

* 부피당 질량을 단위로 표현하면 g/㎤인데, 이것이 밀도 개념이다.

이 붙었다. 수온약층은 위가 따뜻하고 아래가 차가워서 상하 혼합이 거의 일어나지 않는 매우 안정한 층이다.

수심이 1000m 언저리에 다다르면 물의 온도는 4℃ 정도로 해저 바닥까지 거의 변화가 없다. 이 차가운 어둠의 깊은 바닷물을 '심해층deep water'이라고 한다.

혼합층, 수온약층, 심해층을 구분하는 기준은 '온도의 변화율'이다. 이러한 온도의 변화가 가장 잘 나타나는 지역은 중위도 온대 지방이다. 중위도는 표면 가열도 잘 되고 바람도 잘 불기 때문이다. 적도는 가열이 잘 되지만 바람이 별로 불지 않는 무풍대이기 때문에 혼합층의 두께가 얇다. 극지방은 바람이 잘 불지만 바다 표층부터 온도가 낮아서 심해층의 물과 구별되지 않는다. 그래서 날씨가 추운 고위도 해역은 심해층의 물로만 구성된다.

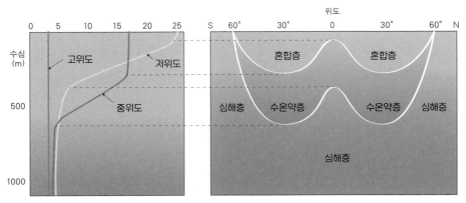

〈그림 4-15〉 위도에 따라 달라지는 혼합층, 수온약층, 심해층의 분포

지표가 따뜻한 것은 태양의 핵융합 덕분이다

지표가 따뜻한 것은 태양복사에너지 덕분이다. 그런데 태양복사에너지는 어디서 발생했을까?

입자의 질량이 사라진 만큼 에너지가 생성되는 현상을 질량-에너지 등가 법칙이라고 한다. 이 법칙은 1905년 알베르트 아인슈타인Albert Einstein, 1879~1955의 특수상대성이론에 의해서 알려진 후 세상에서 가장 유명한 법칙 중 하나가 되었다.

그 공식은 바로 $E=mc^2$에너지=질량×광속^{2}이다.* 만약 정지 상태의 1kg의 물질이 사라지고 에너지로 변한다면 그 크기는 얼마가 될까?

1kg의 물질이 1kg×(광속)^{2}의 에너지로 변환되므로,

$1kg×(299,792,458m/s)^2 = 89,875,517,873,681,800 kg \cdot m^2/s^2$

$= 89,875,517,873,681,800J$이라는 엄청난 에너지가 된다.

태양의 표면온도는 5600K이지만 태양 중심부의 온도는 1500만K인 것으로 알려져 있다.

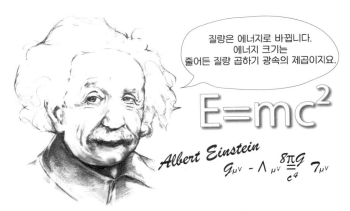

질량은 에너지로 바뀝니다.
에너지 크기는
줄어든 질량 곱하기 광속의 제곱이지요.

$E=mc^2$

Albert Einstein

$G_{\mu\nu} - \Lambda_{\mu\nu} \dfrac{8\pi G}{c^4} T_{\mu\nu}$

〈그림 4-16〉 아인슈타인의 특수상대성이론

* 에너지E의 단위는 줄J.

태양은 왜 뜨거운 것일까? 혹시 태양이 불타는 석탄 덩어리가 아닐까? 고대 철학자 중에는 그렇게 생각한 사람도 있었다. 그러나 20세기에 이르러 태양은 수소핵융합반응으로 에너지를 생산하는 것으로 밝혀졌다.

수소핵융합반응은 수소핵$^{H^+, 양성자}$ 네 개가 충돌하여 헬륨핵$^{He^{2+}}$을 만드는 과정이다. 수소핵은 양성자이므로 전기적 반발력 때문에 쉽게 충돌하지는 않는다. 그러나 1000만℃가 넘는 태양 중심부에서는 빠르게 운동하는 수소핵끼리 충돌하는 경우가 종종 발생한다. 그 과정은 〈그림 4-17〉과 같다.

양성자와 양성자가 충돌하면 중성미자와 양전자를 방출하고 중수소가 된다. 중수소는 다시 양성자와 충돌하여 감마선을 방출하고 결합하여 삼중수소가 된다. 삼중수소 두 개가 충돌하면 양성자 두 개가 튕겨 나가고 헬륨핵을 만든다. 이 과정은 4H → He+에너지로 요약할 수 있다. 그런데 4H의 질량을 100이라고 하면, He의 질량은 99.3이다. 즉 수소핵 네 개가 충돌하여 헬륨핵 한 개를 만드는 과정에서 중성미자, 양전자, 감마선 등의 방출이 있었기 때문에 0.7%만큼의 질량이 감소하는 것이다. 그 감소한 질량이 E=mc² 식에 의해서

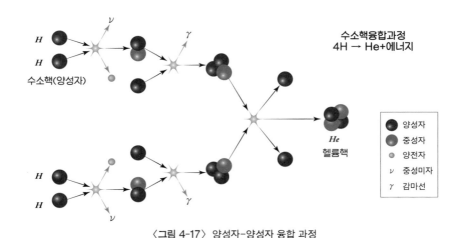

〈그림 4-17〉 양성자-양성자 융합 과정

에너지로 바뀐다. 양전자는 반물질이기 때문에 생성되자마자 태양 내부에 있는 전자와 충돌하여 쌍소멸하면서 역시 감마선으로 바뀐다.

태양의 중심부에서 만들어진 감마선이 태양 표면까지 도달하려면 수많은 입자와 충돌하는 과정을 겪어야 하므로 적어도 10만 년은 걸리는 것으로 추정한다. 그 과정에서 감마선은 엑스선으로 바뀌고, 다시 자외선이나 가시광선, 적외선 등으로 파장의 변화가 일어난다. 따라서 태양에서 방출되는 광자는 다양한 파장을 가지게 되는 것이다.

과학으로 한 걸음 더 **파동은 무엇일까?**

이 세상은 파동으로 가득 차 있다. 빛과 전파는 물론이고 물질파, 중력파, 음파, 지진파 등 여러 가지 파동이 뒤섞인 세상인 것이다. 파동의 모양이나 특성은 다양하므로 서로 다른 파동을 묘사하기 위해서는 파장, 진폭, 진동수와 같은 개념을 알아두면 편리하다.

물결 모양의 파동은 봉우리와 골짜기가 계속 반복되는 주름과 같다. 봉우리에 해당하는 부분을 '마루', 골짜기에 해당하는 부분은 '골'이라고 한다. 이때 마루에서 다음 마루까지의 길이 또는 골에서 다음 골까지의 길이를 '파장'이라고 한다.

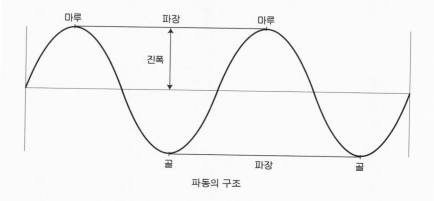

파동의 구조

'진동수'는 주기적인 현상이 단위 시간 동안 몇 번이나 일어났는지를 뜻하는 것으로, '주파수'라고도 한다. 만약 어떤 파동에서 1초 동안 두 개의 마루와 두 개의 골이 나타났다면, 진동수는 2가 된다. 그런데 진동수를 2라고만 표시하면 무엇을 뜻하는지 알기 어려우므로 Hz^{헤르츠}라는 단위를 붙인다. 예를 들면, 파동이 1초에 열 번 진동하면 10Hz, 스무 번 진동하면 20Hz로 표기하는 것이다.

Hz는 하인리히 헤르츠$^{Heinrich Rudolf Hertz, 1857~1894}$의 이름에서 따왔는데, 그는 라디오파를 발생하는 장치를 만들어 전자기파의 존재를 처음 실증해보인 독일의 물리학자다.

전자기파$^{electromagnetic radiation, EMR}$는 전기장과 자기장의 두 가지 성질을 모두 지닌 파동이라는 뜻이다. 우주의 모든 물체는 전자기파를 방출하기 때문에, 우리는 전자기파의 늪에 사는 물고기 같은 존재다. 그 전자기파는 우리 눈이 감지할 수 있는 빛인 가시광선일 수도 있고, 맨눈으로는 볼 수 없는 적외선이나 자외선일 수도 있고, 감마선이나 엑스선일 수도 있고, 파장이 긴 마이크로파나 라디오파일 수도 있다. 그 모든 전자기파는 빛의 속력으로 움직인다. 단지 파장이나 진동수가 다를 뿐.

전자기파는 파장 길이에 따라 감마선, 엑스선, 자외선, 가시광선, 적외선, 마이크로파, 전파 등으로 나눌 수 있다.

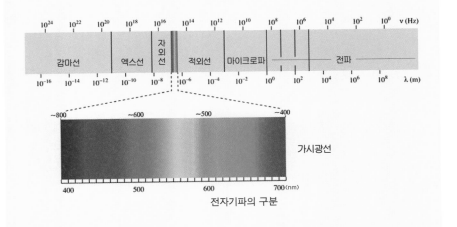

전자기파의 구분

그림 첫 줄에 쓰인 10^{24}, 10^{22}, 10^{20}… 등의 숫자는 진동수^{주파수}를 나타낸다. 그림 중간에 쓰인 10^{-16}, 10^{-14}, 10^{-12}… 숫자는 파장을 나타낸다. 그림에서 파장의 단위는 m^{미터}로 되어 있다. 그러나 가시광선 영역을 확대하여 무지개 색깔로 나타낸 아래의 그림은 nm 단위로 되어 있으니 도표를 볼 때는 자세히 살펴봐야 한다.

사람이 볼 수 있는 전자기파는 파장의 길이가 400~700nm인 가시광선뿐이다. 스펙트럼으로 광선을 분리하면 일곱 색깔 무지개가 되는데, 파장이 짧은 것부터 쓰면 '보남파초노주빨' 순서로 나타난다.

전자기파는 파장이 짧을수록 물체 투과력이 크다. 감마선은 두꺼운 시멘트를 뚫고 들어갈 수 있으며, 엑스선은 병원에서 뼈 사진을 촬영하거나 기계의 비파괴 검사 때 활용한다. 자외선은 사람의 피부나 나뭇잎에 손상을 줄 수 있고, 적외선은 상온의 온도에서 방출되는 전자기파로 우리 몸을 비롯한 모든 물체에서 방출된다. 마이크로파는 전자레인지에 사용하거나 달까지의 거리를 측정하는 데 이용되기도 한다. 전파는 라디오, 휴대전화 등 모든 전자기기에서 사용하는 전자기파다.

모든 전자기파는 진공 상태에서 빛의 속력^{광속}으로 전파된다.

골디락스 행성, 지구

생명체 거주 온도를 결정하는 두 가지 변수는?

영국의 동화 〈골디락스와 세 마리 곰〉의 주인공 골디락스Goldilocks는 숲속에서 길을 헤매다 들어간 빈집에서 뜨겁지도 차갑지도 않은 죽을 맛있게 먹고, 딱딱하지도 푹신하지도 않은 침대에서 잠든다. 이 동화에서 유래한 '골디락스'는 언제부터인가 학자들 사이에서 '적당한 조건을 가진'이란 뜻으로 사용되기 시작했다. 골디락스 경제, 골디락스 행성, 골디락스 지대 같은 말들도 마찬가지다.

골디락스 지대의 학술 용어는 '생명체 거주 가능 영역Habitable Zone; HZ'이다.

우주에서 생명체 거주가능 영역은 대개 항성 근처의 행성일 수밖에 없다. 물론 항성이 아닌 은하 중심부 근처의 어떤 특정한 지역에 생명체가 거주할 수 있는 지역이 있을 가능성이 전혀 없다고 말할 수는 없다. 또한 지독하게 추운 행성일지라도 깊은 얼음 밑의 바다가 존재하여 생명체가 살 수 있을 가능성도 배제할 수는 없다. 목성의 위성 유로파에는 100km 이상 두께의 바다가 있는 것으로 추측되고 있다. 그러므로 생명체 거주가능 영역이란 행성의 지표에 액체 상태의 물이 존재할 수 있는 온난한 지역을 일컫는다고 보는 편이 좋겠다.

태양을 중심으로 반지름 0.95~1.15AU 범위가 생명체 거주가능 영역에 해

화성

너무 차가운 지역

지구

생명체 거주에
적당한 온도를 가진 지역

1.15AU

〈그림 4-18〉 태양계의 생명체 거주 가능 영역

당한다.

　태양 주위에는 여덟 개의 행성이 태양의 중력에 붙잡혀서 공전 운동을 하고 있다. 그중에서 생명체 거주 가능 영역에 있는 행성은 몇 개일까? 과학자들이 구한 태양~행성의 평균 거리는 다음과 같다.

　0.95~1.15AU* 범위에 있는 행성은 지구밖에 없다. 지구는 생명이 살기에

---

* 1AU는 지구~태양의 평균 거리인 약 1억 5000만km에 해당하는 거리. 'astronomical unit'의 첫 문자를 조합한 단위로 '천문단위'라는 뜻이 있다.

태양

금성

수성

너무 뜨거운 지역

0.95AU

생명체 거주 가능 영역

행성	수성	금성	지구	화성	목성	토성	천왕성	해왕성
태양까지의 평균 거리(AU)	0.39	0.72	1	1.52	5.2	9.5	19.2	30.1

적당한 크기와 중력을 가지고 있고 적당한 두께의 대기와 액체 상태의 물이 풍부하게 존재한다. 지구의 생명체들에 더할 나위 없는 골디락스 행성이 지구인 것이다.

　지구 근처에 있는 금성이나 화성은 골디락스 행성이 될 수 없는 것일까? 다음의 그림은 각 행성의 일반적인 특징을 비교한 것이다.

수성

표면온도 | 최대 452℃, 최소 −183℃
　　　⇨ 대기가 거의 없고 자전 주기가 길어
　　　　　 밤낮의 온도 차 극심
태양까지의 평균 거리 | 0.3871AU
크기 | 적도 반지름 2439.7km ⇨ 지구의 0.38배
질량 | 3.3022×10^{23}kg ⇨ 지구의 0.055배
공전 주기 | 87.9697일
자전 주기 | 58.6462일

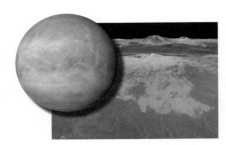

금성

표면온도 | 평균 464℃
　　　⇨ 이산화탄소 대기 95기압
　　　　　 온실효과 매우 큼
태양까지의 평균 거리 | 0.7233AU
크기 | 적도 반지름 6051.8km ⇨ 지구의 0.95배
질량 | 4.8685×10^{24}kg ⇨ 지구의 0.815배
공전 주기 | 224.695일
자전 주기 | −243.0237일 ⇨ 역자전

지구

표면온도 | 평균 15℃
태양까지의 평균 거리 | 1AU
크기 | 적도 반지름 6373.14km
질량 | 5.9736×10^{24}kg
평균 밀도 | 5.515g/cm^3 ⇨ 행성 중 최대 밀도
공전 주기 | 365.256일
자전 주기 | 23.9345시간
위성 | 1개(달)

화성

표면온도 | 평균 −63℃
　　　⇨ 희박한 이산화탄소 대기
태양까지의 평균 거리 | 1.5237AU
크기 | 적도 반지름 3397.2km ⇨ 지구의 0.533배
질량 | 6.4185×10^{23}kg ⇨ 지구의 0.107배
공전 주기 | 686.930일
자전 주기 | 24.6229일
위성 | 2개(포보스, 데이모스)

목성

표면온도 | 평균 −108°C
태양까지의 평균 거리 | 5.2028AU
크기 | 적도 반지름 71492km ⇨ 지구의 11.22배
질량 | 1.8986×10^{27}kg ⇨ 지구의 318배
공전 주기 | 11.8565일
자전 주기 | 9.925시간
위성 | 67개 이상
주성분 | 수소, 헬륨

토성

표면온도 | 평균 −139°C
태양까지의 평균 거리 | 9.582AU
크기 | 적도 반지름 60268km ⇨ 지구의 9.46배
질량 | 5.6846×10^{26}kg ⇨ 지구의 91배
밀도 | 0.70g/cm^3
공전 주기 | 29.4566년
자전 주기 | 10.656시간
위성 | 60개 이상

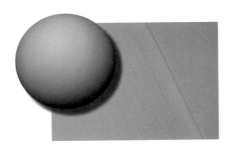

천왕성

표면온도 | 평균 −197°C
태양까지의 평균 거리 | 19.1914AU
크기 | 적도 반지름 25559km ⇨ 지구의 4.01배
질량 | 8.6832×10^{25}kg ⇨ 지구의 14.46배
공전 주기 | 84.07년
자전 주기 | −17.234시간 ⇨ 역자전
자전축 기울기 | 98°
위성 | 27개
주성분 | 수소, 헬륨

해왕성

표면온도 | 평균 −201°C
공전 궤도 반지름 | 30.0689AU
크기 | 적도 반지름 24764km ⇨ 지구의 3.89배
질량 | 1.0243×10^{26}kg ⇨ 지구의 17.15배
공전 주기 | 164.88년
자전 주기 | 16.11시간
위성 | 13개
주성분 | 수소, 헬륨

〈그림 4-19〉 태양계 행성의 특징

'액체 상태의 물이 존재하는가?' 하는 조건은 골디락스 행성이 되기 위한 필수 조건이다. 액체 상태의 물이 존재하기 위해서는 행성이 태양과 같은 중심별로부터 적당한 거리를 유지하며 공전해야 한다. 행성이 중심별에 너무 가까이 있으면 행성 온도가 너무 높아서 물은 모두 증발해버릴 것이고, 그 반대로 너무 멀리 있으면 얼음 상태가 되기 때문이다.

지구의 평균 표면온도는 287K$^{=14℃}$로 골디락스 행성의 온도 조건으로 적절하다. 그러나 수성과 금성의 표면온도는 너무 높아서 물이 액체 상태로 존재할 수가 없다. 그에 비해 화성부터 해왕성까지의 표면온도는 -63℃에서 -201℃로 그 행성 표면에 물이 있다고 해도 고체인 얼음 상태로밖에 존재하지 않는다. 생명체가 살기에는 너무 혹독한 환경이다.

행성의 온도를 결정하는 일차 조건은 태양까지의 거리다. 그림은 태양복사에너지양과 거리의 관계를 나타낸다.

태양에서 방출된 빛 입자를 광자라고 한다. 광자들은 마치 산탄총에서 발사된 총알처럼 우주 공간으로 퍼져 나간다. 이때 광자의 분포는 거리 증가

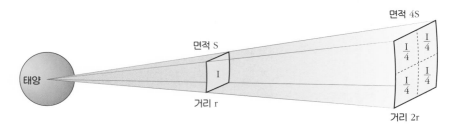

태양에서 출발한 빛은 산탄총처럼 면적으로 확산되어 나간다.
거리가 r에서 2r로 두 배 늘어나면 면적(=가로×세로) S는 4S로 네 배 늘어나기 때문에 거리 r에서 단위 면적당 도달한 태양 에너지 I는 거리 2r에서 4분의 1로 줄어든다.
따라서 지구의 태양 상수를 I, 어떤 행성의 태양 상수를 I_p라고 하면, $I_p \propto \dfrac{I}{r^2}$

〈그림 4-20〉 태양복사에너지와 거리의 관계

에 따른 면적 증가로 인해서 밀집도가 떨어진다. 거리가 두 배로 늘어나면 빛이 분산되어 도달한 면적은 네 배가로 가로 2배×세로 2배로 늘어나고, 거리가 세 배로 늘어나면 면적은 아홉 배가로 가로 3배×세로 3배로 늘어나는데, 광자의 총 개수는 변함없으므로 단위 면적당 에너지양이 줄어드는 것이다.

따라서 거리 r인 곳의 단위 면적 S에 도달한 에너지양을 I라고 하면, 거리 2r인 곳의 단위 면적 S에 도달하는 에너지양은, $\frac{I}{4}$가 되고, 거리 3r인 곳의 단위 면적 S에 도달하는 에너지양은 $\frac{I}{9}$가 된다. 이를 일반화 식으로 표현하면 다음과 같다.

$$I \propto \frac{1}{r^2} \text{ (} I \text{: 태양 상수, r: 태양까지의 거리)}$$

그런데 금성의 경우는 태양까지의 거리만으로 표면온도를 설명할 수 없다. 태양 가까이 0.39AU에 있는 수성의 표면온도는 440K[167℃]인데, 수성보다 먼 0.72AU에 있는 금성의 표면온도는 737K[464℃]나 되기 때문이다. 수성보다 금성의 온도가 높은 이유에 대해서는 다른 원인을 고찰해야 한다.

태양까지의 거리 이외에 다른 변수가 있다면 그 원인은 무엇일까?

상식적으로 생각하면, 금성 자체에서 열이 발생하는 경우를 생각할 수 있겠다. 그러나 화산활동은 행성의 내부 온도가 높을 때 가능한 것인데, 금성에서 그런 일이 일어날까? 금성의 크기는 지구보다 약간 작으며 암석으로 된 행성이다. 그 암석 속에 우라늄 같은 방사성 물질이 엄청나게 포함되어 있다면 그럴 가능성도 없지는 않다. 그러나 금성이 수성, 지구, 화성과는 전혀 다른 물질로 되어 있다고 가정하기에는 무리가 따른다. 수성, 금성, 지구, 화성은 태양 근처에서 함께 태어난 형제들이기 때문이다.

행성의 햇빛 반사율을 고려해보는 것은 어떨까? 검은색 옷은 햇빛을 잘 흡수하고 흰색 옷은 햇빛을 잘 반사하니까 말이다.

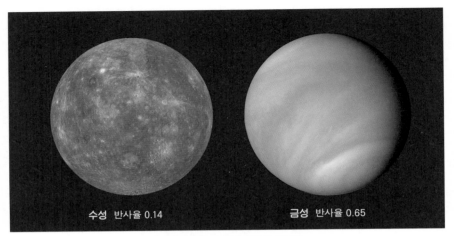

수성 반사율 0.14   금성 반사율 0.65

〈그림 4-21〉 수성과 금성의 반사율

〈그림 4-21〉에 나타난 수성과 금성의 모습을 비교해보자.

수성의 표면은 마치 달의 표면처럼 보인다. 여기저기 팬 구덩이들은 운석이 충돌하여 생긴 지형이다. 운석 충돌구가 마치 지구의 달처럼 선명하게 남아 있는 것은 대기권이 없기 때문이다.

그에 비해서 금성은 짙은 대기권이 감싸고 있어서 지표면이 보이지 않는다. 금성 탐사선들이 밝혀낸 금성 대기권 성분의 95%는 이산화탄소였는데, 기압은 지구 기압의 무려 90배나 되었다.

수성과 금성을 비교해보면 대기가 없이 암석이 드러나 있는 수성보다 대기권의 구름 반사가 심한 금성의 햇빛 반사율이 높다는 것을 짐작할 수 있다. 과학자들의 계산에 의하면 수성의 햇빛 반사율 = $\frac{반사량}{입사량}$ 은 0.12정도이고, 금성은 0.65이다. 대기권이 있는 금성의 반사율이 훨씬 높은 것이다.

태양복사에너지 반사율이 0.65이면, 흡수율이 0.35인 셈이다. 그러므로 금성은 태양으로부터 온 복사에너지의 35%만 흡수한다. 그런데도 수성보다 높은 표면온도를 유지한다. 왜 그런 것일까?

헤어드라이어로 당구공을 가열하면 처음에는 온도가 올라가지만 에너지 흡수량과 방출량이 같아지는 시점이 되면 더 이상 온도가 올라가지 않게 되는데, 이를 에너지 평형 상태라고 한다. 햇빛을 받아 가열되는 행성도 그와 같은 원리로 일정한 온도를 유지한다.

행성은 〈그림 4-22〉처럼 태양복사에너지를 흡수하고 행성복사를 통해 에너지를 방출한다. 이때 태양복사에너지는 파장이 짧은 가시광선이 포함된 햇빛이므로 사람의 눈으로 감지할 수 있지만, 행성복사는 파장이 긴 적외선의 형태로 방출되므로 눈으로 볼 수 없다. 이때 흡수한 태양복사에너지의 총량과 행성이 방출하는 행성복사에너지의 총량은 크기가 같다.

그런데 입사한 태양복사에너지의 양이 같더라도 대기권이 있는 행성과 대기권이 없는 행성의 지표 온도는 다르게 나타난다. 즉, 대기의 존재 여부가 행성 지표의 온도를 좌우하는 또 하나의 변인이 되는 것이다.

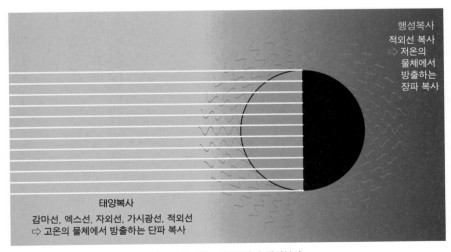

행성복사
적외선 복사
⇨ 저온의 물체에서 방출하는 장파 복사

태양복사
감마선, 엑스선, 자외선, 가시광선, 적외선
⇨ 고온의 물체에서 방출하는 단파 복사

〈그림 4-22〉 태양복사와 행성복사

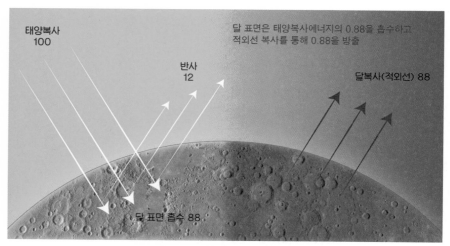

〈그림 4-23〉 달의 에너지 수입과 지출

금성이 높은 표면온도를 유지하는 원인은 고농도의 이산화탄소에 있다. 이산화탄소가 금성의 지표에서 방출되는 적외선을 흡수하여 지표로 재복사하기 때문이다.

지구가 달보다 따뜻한 이유는?

달은 대기가 거의 없으며, 달의 태양복사에너지 반사율은 12%다. 그러므로 달에 도착한 태양복사에너지의 양을 100이라고 할 때, 12의 에너지는 흡수되지 않고 그대로 반사되며, 나머지 88의 에너지가 달 표면에 흡수된다. 88의 에너지로 가열된 달 표면의 평균 온도는 약 −23℃다.^{대기가 없으므로 지역별로 온도 차가} 극심하여 햇빛을 받는 부분은 120℃ 이상 가열되고, 햇빛을 받지 못하는 그림자 부분은 최저 −230℃ 이하까지 내려간다.

반면에 지구는 대기권이 있으며, 태양복사에너지 반사율은 30%이다. 그러므로 지구에 도착한 태양복사에너지의 양을 100이라고 하면, 30의 에너지는 반사되고 70의 에너지가 지구에 흡수된다. 70의 에너지로 가열된 지표면의 평균 온도는 15℃다. 88의 에너지로 가열된 달 표면의 온도는 -23℃인데, 70의 에너지로 가열된 지구의 표면온도가 15℃로 더 높은 이유는 무엇일까? 그 비결은 대기권에 있다.

대기권에는 적외선을 흡수하는 온실 기체가 있어서 지표면에서 방출되는 적외선을 흡수했다가 다시 지표면으로 되돌려주는 역할을 한다. 〈그림 4-24〉는 지구에서 일어나는 열의 수입과 지출을 나타낸 것이다.

대기의 온실 기체는 수증기, 이산화탄소, 일산화질소^{NO}, 메테인, 오존, 프레온^{CFCs} 등이다. 온실 기체는 지표에서 우주로 나가는 적외선을 흡수한다. 따라서 대기의 온도가 상승하고, 온도가 상승한 대기는 열을 재복사하여 지표의 온도를 올린다. 그 결과로 지표에 유통되는 열량은 태양복사에너지 45와 대기에서 재복사한 88을 더해 133으로 증가한다. 이는 마치 유리로 지은 온실이 따뜻해지는 원리와 비슷해서 '온실효과'라고 한다. 그러나 온실효과는 유통되는 열량을 증가시킨 결과일 뿐 에너지를 생산한 것은 아니라서 어느 시점에

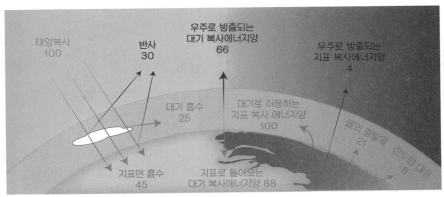

〈그림 4-24〉 지구의 에너지 수입과 지출

이르면, 대기와 지표 온도는 더 이상 올라가지 않고 일정한 수준을 유지하게 된다.

　　지구에 생명체가 번성하게 된 것은 단순히 지구가 단지 생명체 거주 가능 영역에 있는 행성이기 때문만은 아니다. 지구는 적당한 크기와 질량을 가지고 있어서 적당한 두께의 대기권과 바다를 가질 수 있었고, 자기장과 대기권 덕분에 생명체에 치명적인 감마선, 엑스선, 자외선과 우주선cosmic ray을 차단할 수 있었고, 적당한 자전 속도를 가지고 있어서 하루의 온도 차가 심하지 않았고, 적당히 기울어진 자전축 덕분에 사계절이 존재할 수 있었고, 그 자전축이 마구 흔들리지 않도록 붙잡아주는 달이 있었고…. 그 밖에도 여러 조건이 현재 지구의 생명체들을 존재하게 하는 역할을 했다.

핫 뜨거웠던 중생대,
유성체 폭격으로 막을 내리다

공룡은 누가 죽였는가?

중생대中生代, Mesozoic Era는 2억 4500만 년 전부터 6600만 년 전까지 약 1억 8000만 년 정도 지속된 시기다. 평균 온도는 현재보다 약 5℃ 정도 높았으며, 지질시대 역사상 빙하기가 없었던 유일한 시기다. 중생대는 거대한 공룡과 날개 달린 익룡이 지상을 지배했고, 어룡과 수장룡이 바다를 주름잡았다.

그러나 6600만 년 전 어느 날 커다란 유성체 하나가 멕시코 유카탄 반도에 떨어졌고, 그 충격의 여파로 중생대는 막을 내려야 했다. 유성체의 크기는 약 10km로 추정되며, 지름 180km에 이르는 칙술루브 충돌구chicxulub crater를

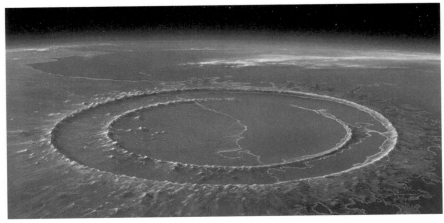

〈그림 4-25〉 칙술루브 충돌구

남겼다.

외계에서 날아온 유성체가 지구에 충돌하면 여러 가지 증거를 남긴다. 엄청난 압력과 열에 의한 충격변성암이 생성되며, 주변 지층이 뒤집히는 역전층이 나타나고, 지구의 암석 성분과는 다른 물질이 검출된다. 그런데 칙술루브 충돌구를 만든 유성체는 소행성일 수도 있고 혜성^{彗星, comet}일 수도 있다.

수십만 개 이상일 것으로 추정되는 소행성 대부분은 화성과 목성 사이에 있다. 그러나 아폴로 족이나 아텐 족 소행성은 지구 궤도와 교차하는 타원 궤도를 가지고 있으며, 아티라스 족처럼 지구 궤도 안쪽을 도는 소행성도 있다. 지구 근접 소행성의 궤도는 〈그림 4-26〉처럼 네 개로 파악된다.

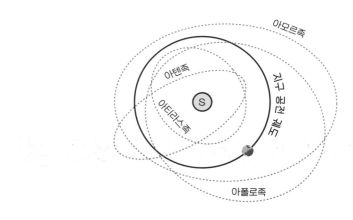

〈그림 4-26〉 지구 가까이 있는 소행성 궤도

혜성은 대략 200년 이하의 주기로 태양 근처로 진입하는 단주기 혜성과 그보다는 훨씬 긴 주기를 가지는 장주기 혜성으로 구분할 수 있다. 주기가 다르다는 것은 혜성의 출발지가 다르다는 것을 의미한다.

단주기 혜성은 카이퍼대^{kuiper belt} 외곽의 산란 지대^{散亂圓盤, scattered disk}의

천체들이 태양 쪽으로 여행하는 것으로 알려져 있다. 카이퍼대는 태양으로부터 30~55AU 떨어진 해왕성 외곽 지역을 말한다. 그 영역에 거주하는 대표적인 천체에는 왜소행성 플루토^{Pluto, 구 명왕성}가 있고, 그 외에도 1000개 이상의 천체가 있는 것으로 알려져 있다.

산란 지대는 카이퍼대보다 조금 더 바깥쪽 100AU까지 확장된 지역이다. 오늘날 과학자들은 해왕성의 중력으로 인해 산란 지대에 속해 있던 천체가 태양 쪽으로 당겨지면 혜성이 되는 것으로 보고 있다. 혜성은 얼음을 많이 포함하기 때문에 태양 가까이 오면서 증발하기 시작하여 긴 꼬리가 생기는 장관을 연출한다.

장주기 혜성은 산란 지대보다 더욱 바깥 영역의 오르트 구름^{Oort cloud}에서 출발하는 것으로 추측한다. 오르트 구름은 태양계를 구형으로 감싸고 있는 것으로 생각되지만 너무 멀어서 관측되지는 않는다. 오르트 구름의 외곽 범위는 5만AU 정도로 추정되는데 이는 광속으로 1년 정도 가야 하는 거리다. 오르트 구름의 소천체는 과학자들 사이에서 1조 개 정도일 것으로 언급되지만 확실치는 않다. 이런 분석은 천체물리학적 힘의 분석과 통계적 기법으로 가정하는 잠정적인 모델이다.

지름 10km의 유성체가 지구에 충돌하는 것은 상상만으로도 끔찍하다. 그것이 어디에 떨어지든 열 폭풍이 지구 반대편까지 몰아쳐서 모든 삼림이 불타고 뜨거운 암석 비가 하늘에서 떨어지며 검은 연기가 하늘을 뒤덮어 햇빛이 차단되는 엄청난 재앙이 일어날 테니까. 유성체가 바다에 떨어진다고 해도 사정은 다르지 않다. 유성체의 크기와 속도를 고려하면 바닷물은 접시에 담긴 얄팍한 물에 지나지 않기 때문이다. 바닷물은 거대한 해일이 일어 온통 뒤집히고 끓어오를 것이다. 이처럼 혹독한 환경에서 공룡처럼 거대한 동물들은 멸종했고 중생대는 막을 내렸다.

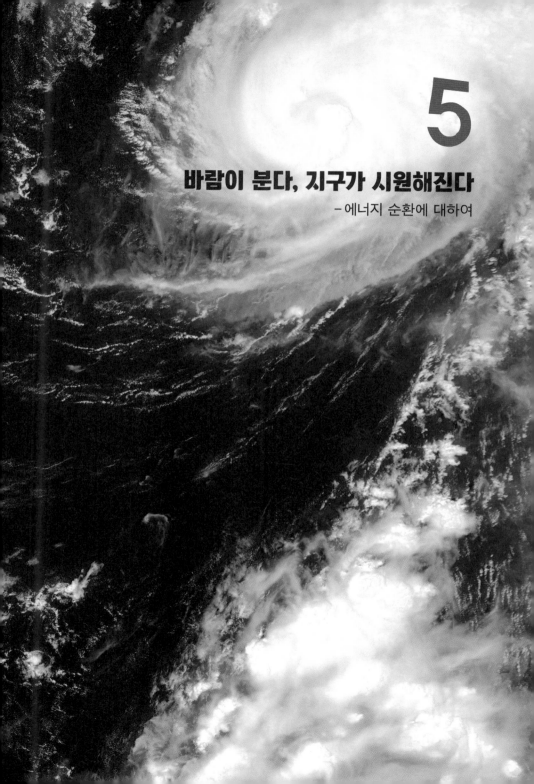

5

바람이 분다, 지구가 시원해진다

– 에너지 순환에 대하여

열평형을 위한 1단계, 바람

조조의 군대와 주유의 군대가 장강^{양쯔강}을 사이에 두고 대치중이었다. 제
갈량은 주유에게 전령을 보내 전술 지침을 전달했다.

"법술을 부려 3일 동안 동남풍이 불게 한 후 화공 작전을 펴면 전투에서
승리할 수 있을 것이오."

〈그림 5-1〉에서 조조의 군은 장강의 동남쪽 오림에 있고, 주유의 군대는
장강의 북서쪽 적벽에 있었다. 따라서 주유가 화공을 쓰려면 적벽에서 오림
쪽으로 바람이 불어야 한다. 방위로 말하면, 남동에서 북서쪽으로 바람이 불

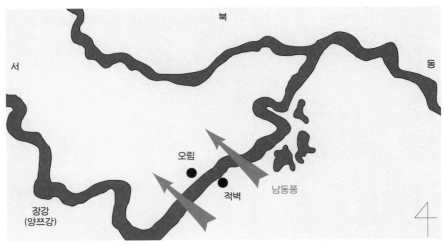

〈그림 5-1〉 적벽대전에 나오는 남동풍

어야 하는 것. 제갈량은 동남풍을 불게 하면 될 것으로 생각했는데, 과연 그의 판단은 옳았을까?

풍향은 발원지를 기준으로 이름을 붙인다. 남쪽에서 북쪽으로 바람이 불어가면 남풍이라고 하고, 동쪽에서 서쪽으로 불어가면 동풍이라고 한다. 그러므로 남동에서 북서 방향으로 부는 바람은 남동풍이라고 해야 한다. 동남풍이나 남동풍이나 어순만 다를 뿐 풍향은 같은 것이니 제갈량은 기상학에도 조예가 깊었던 것이 틀림없다.*

일기도에 써넣는 기호는 풍향과 풍속을 나타내는 기호, 구름의 양을 나타내는 기호, 날씨 상태를 나타내는 기호를 조합하여 만든다.

세 가지 기호를 조합하여 만든 올챙이 모양의 기호는 날씨 정보를 담는다. 바람이 부는 방향은 올챙이가 헤엄쳐서 전진하는 방향과 같다.

〈그림 5-2〉에 나타난 일기 기호는 초속 7~8m의 북서풍이 부는 모습을 나타낸다. 하늘에는 구름이 완전히 덮여 있고, 비가 오는 상태. 일기 기호에 덧붙여 기온, 이슬점구름이 생길 수 있는 온도, 기압 등의 추가 정보를 써넣기도 한다. 숫자 정보를 읽을 때 유의할 점이 있다. 일기 기호 오른편에 125로 기재된 숫

〈그림 5-2〉 일기 기호의 예

---

* 기상학에서는 남북을 동서보다 앞에 쓰는 원칙을 따른다. 남동풍, 남서풍, 북동풍, 북서풍 등의 형식.

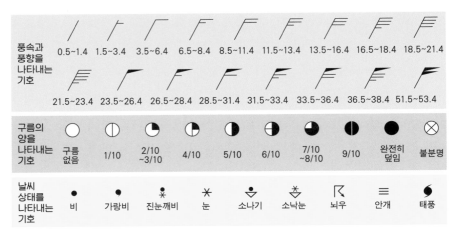

풍속과 풍향을 나타내는 기호									
0.5~1.4	1.5~3.4	3.5~6.4	6.5~8.4	8.5~11.4	11.5~13.4	13.5~16.4	16.5~18.4	18.5~21.4	
21.5~23.4	23.5~26.4	26.5~28.4	28.5~31.4	31.5~33.4	33.5~36.4	36.5~38.4	51.5~53.4		

구름의 양을 나타내는 기호									
구름 없음	1/10	2/10 ~3/10	4/10	5/10	6/10	7/10 ~8/10	9/10	완전히 덮임	불분명

날씨 상태를 나타내는 기호								
비	가랑비	진눈깨비	눈	소나기	소낙눈	뇌우	안개	태풍

〈그림 5-3〉 일기 기호

자는 1012.5hPa^{헥토파스칼*}의 기압을 가리킨다.

그럼 985라고 기재되어 있으면, 어떻게 읽어야 할까? 이때는 998.5hPa이라고 읽어야 한다.

125는 1012.5라고 읽고, 985는 998.5로 읽는 데는 어떤 원칙이 있을까?

지표면에서 기압은 1000을 기준으로 ±50 범위가 보통이기 때문에 천에 가까운 숫자가 되게끔 읽는 것이 요령이다. 자칫 985를 1098.5로 읽으면 1100에 가까운 숫자가 된다. 이건 1기압인 1013.25hPa과 너무 동떨어진 기압이다.

125를 912.5로 읽으면 이것도 곤란한가?

일반적인 날씨 상태에서는 그처럼 낮은 기압이 나올 수 없다. 역대 최강 태풍 중에는 900hPa보다 낮은 해면 기압을 보인 경우도 있기는 했지만, 이는 극히 예외였던 경우다.

---

* 공기 압력을 나타내는 단위 hPa. 1기압은 약 1013.25hPa.

바람은 왜 불까?

페트병 마개를 꽉 닫고 가열하면 페트병 내부의 압력은 증가한다. 가열된 공기 입자들의 운동 속도가 빨라져서 페트병 내부에 충돌하는 횟수가 증가하기 때문이다.

그러나 지구의 대기권은 우주를 향해 열린 공간이므로 마개가 닫힌 페트병과는 반대로 가열된 지역의 기압이 감소하는 현상이 나타난다.

왜 그럴까? 원리를 단순화시켜서 생각해보자.

〈그림 5-4〉에서 A 지역은 냉각되고, B 지역은 가열된 경우를 공기 기둥으로 나타낸 것이다. 단, 공기 기둥의 밀도는 위아래가 같은 것으로 간주한다.

공기가 냉각되면 공기 입자의 운동 속도가 느려지므로 공기 입자끼리 충돌이 줄어들고 간격도 좁아진다. 그러므로 냉각된 A 지역의 공기 기둥은 수축하여 높이가 낮아지고 밀도가 증가한다. 이와는 반대로 가열된 B 지역의 공기 기둥은 높이가 증가하고 밀도는 감소한다.

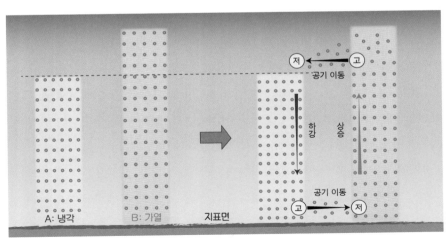

〈그림 5-4〉 바람이 부는 원리

공기가 이동하지 않는 상태에서는 A와 B 기둥에 있는 공기 분자의 수가 같으므로 밑면에서의 압력이 같다. 그러나 h 높이에서는 A보다 B 지역의 압력이 높다. 그 까닭은 h보다 높은 곳에 존재하는 공기 입자의 양이 A보다 B에 많기 때문이다. 따라서 h 높이에서 공기 입자들은 B에서 A쪽으로 이동하게 된다. 따라서 A 기둥에는 공기 입자의 수효가 늘고 밑면에서의 압력도 증가한다. 그 결과 공기 기둥의 하층에서는 A에서 B로 공기 입자들이 이동하게 된다. 즉 바람이 불게 되는 것이다.

공기의 많고 적음은 기압의 형식으로 표현할 수 있다. 기압은 수치로 나타낼 수 있으나 같은 높이의 주변보다 기압이 높은 경우 간편하게 고기압, 공기 입자의 밀도가 낮아져서 기압이 감소한 지역은 저기압이라고 부른다. 유의할 점은 높이가 같은 지점끼리 기압을 비교해야 한다. 만약 높이가 다른 지상과 상공을 비교하여 고기압이나 저기압으로 구분하면 공기가 희박한 상공이 늘 저기압이 되므로 곤란하다.[*] 일기도에 표시되는 기압은 해발 고도 0m인 평균해수면을 기준으로 한 기압인데, 이를 해면 기압이라고 한다.

지상 일기도는 기압이 같은 지점을 선으로 연결하여 등압선을 그린다. 이때 공기는 기압이 높은 쪽에서 낮은 쪽으로 밀리는 힘을 받는데, 이러한 힘을 기압경도력氣壓傾度力, pressure gradient force이라고 한다.

기압경도력은 고기압ᴴ에서 저기압ᴸ을 향해 등압선에 수직 방향으로 작용하며 기압 차가 클수록, 등압선 간격이 좁을수록 커진다. 일기도에서 두 등압선 사이의 기압 차는 보통 4hPa 간격으로 나타낸다. 그러므로 기압경도력은 등압선의 간격이 조밀한 곳에서 더 커진다.

〈그림 5-5〉는 2012년 15호 태풍 볼라벤과 14호 태풍 덴빈이 북상하던 날

---

[*] 〈그림 5-4〉에서 고, 저로 표시된 것도 같은 높이의 지점끼리 기압을 비교한 것이다.

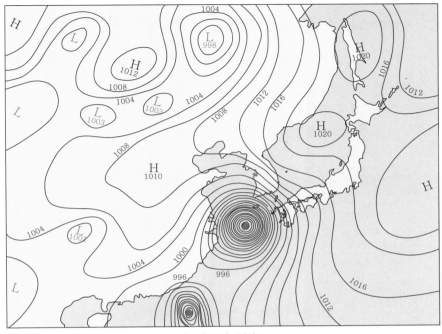

〈그림 5-5〉 일기도

의 일기도다. 등압선 간격이 매우 조밀하여 손가락 지문처럼 보이는 지역이 태풍이 있는 곳이다. 등압선 간격이 좁은 지역일수록 기압경도력이 크게 작용하므로 태풍 주변부의 풍속이 매우 빠른 것을 한눈에 알 수 있다.

태풍은 열대저기압이 발달한 것이다. 열대저기압의 풍속이 약할 때는 특별한 이름을 붙이지 않지만, 풍속이 17.2㎧ 이상일 때는 태풍으로 분류되어 이름도 붙인다. 기상청 발표에 따르면 태풍 볼라벤은 최성기 때 중심 기압 920hPa 최대 풍속 53㎧를 기록했고, 서해를 거쳐 황해도에 상륙한 후 평안북도에 이르러 세력이 약해졌다. 볼라벤에 의한 사망자와 실종자는 144명으로 집계되었다.

과학으로 한걸음 더 태풍이란 낱말은 어디에서 왔을까?

한국과 일본 기상청은 초속 17.2m 이상의 바람을 동반한 열대저기압을 '태풍'으로 규정한다. 그러나 세계기상기구^{WMO: World Meteorological Organization}가 정한 태풍 분류 체계는 약간 다르다. 그 기준은 표와 같다.

최대 풍속	세계기상기구(WMO)	한국 일본	
34knots 미만 (17.2%s 미만)	열대저압부(TD: Tropical Depression)		
34~47knots (17.2~24%s)	열대 폭풍(TS: Tropical Storm)	TS	
48~63knots (25~32%s)	강한 열대 폭풍(STS: Severe Tropical Storm)	STS	태풍 颱風
64knots 이상 (33%s 이상)	태풍(TY: Typhoon)	TY	

1%s ≒ 1.94knots(노트)

세계기상기구의 분류에 따르면 열대저기압이 발달하여 초속 33m 이상의 바람을 동반한 경우에 '태풍', 그보다 약한 풍속^{25~32%s}인 경우는 '강한 열대 폭풍^{Severe Tropical Storm}' 또는 열대 폭풍^{Tropical Storm, 풍속 17.2~24%s}이다. 그러나 한국 기상청은 초속 17.2m 이상의 바람이 불 때 태풍이라 부르며 TS급, STS급, TY급으로 구분한다. 일본 기상청의 태풍 구분도 한국과 비슷하다.

'태풍'이란 말은 중국 한자에서 유래한 것이라고 보는 견해와 그리스 신화의 괴물 티폰에서 유래한 것이라고 보는 견해가 있다.

'태풍^{颱風}'의 '태^颱'라는 글자는 1634년 중국에서 편집된 〈복건통지^{福建通志}〉라는 책에 처음 등장한 것으로 알려져 있다. 그렇지만 과거 중국에서는 태풍처럼 바람이 강하고 회전하는 형태의 바람을 주로 '구풍^{具風}'이라고 불렀다. 구풍은 '사방의 바람을 빙빙 돌리면서 불어오는 바람이라는 뜻을 담고 있다'라고 기상청 국가태풍센터는 설명한다. 한자 사전에 '颱'의 음훈이 '태풍 태'로 기록되어 있다. 따라서 태풍^{颱風}의 뜻을 직역하면 '태풍 바람'이 되는데, 이처럼 해석하면 무한소수처럼 끝없이 이어지는 해석이 되고 만다. 태풍이 태풍 바람이면, '태풍 바람'은 '태풍 바람의 바람'이 되고 '태풍 바람의 바람'은 다시 '태풍 바람의 바람의 바람'이 되는 식으로 말이다. 태풍의 어원이 한자어에서 비롯되었을 것이라는 추론이 타당성을 확보하려면 더 본질적인 근거 자료가 필요하다.

그리스 신화에 등장하는 괴물 티폰^{Typhon}에서 타이푼^{Typhoon}이 유래한 것으로 생각하는 사람도 있다. 대지의 여신인 가이아^{Gaia}와 거인족 타르타로스^{Tartaros} 사이에서 태어난 티폰은 뱀 머리 백 개를 가진 강력한 불을 뿜는 용이었으나 제우스^{Zeus}에 의해 제압된 후 폭풍우만 일으킬 수 있게 되었다. 프랑스, 영국 등에서는 Typhoon이라는 용어를 16세기에 쓴 기록이 있다.

아시아인들이 그리스 신화를 알고 태풍이란 말을 붙였을 거라는 추측을 터무니없다고 여기는 사람도 있다. 그래서 중국어 대풍^{大風}이란 말이 유럽으로 전해졌다가 신화 이야기가 덧붙여져서 오늘날 태풍이라고 불리게 된 것으로 추측하는 사람도 있다.

[내용 참고 : 국가태풍센터 typ.kma.go.kr]

거부하자니 덥고, 환영하자니 무서운 태풍

태풍을 일으키는 원동력은 수증기

태풍은 강한 상승기류로 인해 공기가 하늘로 쭉쭉 밀려 올라가면서 만들어진 공기의 거대한 소용돌이다. 상승기류는 지면이 가열되거나 상공의 공기 파동과 연관되어 발생하는데, 특히 수증기가 충분히 포함된 공기일 때 상승기류는 걷잡을 수 없이 빨라진다. 그 이유는 수증기가 물방울 입자로 뭉치면서 구름을 만들고 숨은열*을 방출하기 때문이다. 따라서 구름이 발생한 공기는 주위보다 온도가 높으므로 상승기류가 활발할 수밖에 없다. 〈그림 5-6〉은 태풍의 구조를 나타내는 단면도다.

태풍 하부의 공기는 기압이 낮은 태풍 중심부를 향해 반시계 방향으로 회전하면서 중심을 향해 수렴한다. 상승기류가 존재하는 곳은 수직으로 높이 솟은 적란운쌘비구름, 소낙비구름의 비구름 띠가 만들어진다. 태풍 상층부는 이불로 덮은 것처럼 권운털구름이 펴져 있다.

그런데 태풍에는 상승기류만 있는 것이 아니다. 공기 흐름이 한쪽으로만 진행할 수 없으므로 태풍에는 하강기류도 있다. 특히 태풍 중심부는 기압이

---

* 물질이 기체, 액체, 고체로 상태 변화할 때 방출되거나 흡수되는 열을 말한다. 물이 상태 변화하면서 열을 방출하는 경우는 주변이 따뜻해지고, 열을 흡수하는 경우는 주변이 시원해진다. 그 원리는 일상에서도 많이 볼 수 있다. 더운 날 마당에 물을 뿌리면 증발하면서 열을 흡수해서 주위가 시원해진다. 땀이 날 때 선풍기 바람을 쐬면 시원해지는 것도 땀이 증발하면서 열을 빼앗아 공기 중으로 날아가기 때문이다. 이와는 반대로 안개가 끼거나 서리가 내리면 추위가 한결 누그러진다. 수증기가 물방울 또는 얼음으로 바뀌면서 열을 방출하기 때문이다.

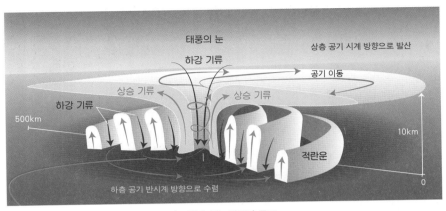

태풍의 눈

하강 기류

상층 공기 시계 방향으로 발산

공기 이동

상승 기류

상승 기류

하강 기류

500km

10km

적란운

0

하층 공기 반시계 방향으로 수렴

〈그림 5-6〉 태풍의 구조

너무 낮아서 상층 공기가 지면을 향해 역류하면서 하강기류가 생긴다. 하강기류가 생기면 구름이 소멸하는데, 구름이 소멸한 태풍의 중심 부분을 '태풍의 눈eye'이라고 한다.

〈그림 5-7〉은 2015년 태풍 마이삭이 발생했을 때 우주정거장에서 촬영한 사진이다. 태풍 상층부가 온통 구름으로 뒤덮인 상태에서 가운데 부분은 구멍이 뻥 뚫려 있다. 그곳이 바로 태풍의 눈으로 지름의 크기는 대략 30~50km 정도다. 태풍의 눈은 하강기류로 인해 구름이 소멸하여 하늘의 별이 보이기도 한다. 하강기류가 생기면 구름이 소멸하는 까닭은 무엇일까?

하강기류는 상층의 공기가 하층으로 가라앉는 과정이므로 기압이 증가하여 공기가 압축된다. 공기가 압축되면 외부로부터 열이 공급되지 않더라도 공기덩어리의 온도가 상승하는데 이를 '단열압축'이라고 한다. 공기 펌프로 자전거 타이어에 공기를 빵빵하게 넣었을 때 손으로 만져 보면 따뜻한 것도 단열압축이 일어났기 때문이다.

지구 대기에서 단열압축에 의한 온도 상승률은 1℃/100m 정도다. 100m

〈그림 5-7〉 우주정거장에서 촬영한 태풍 마이삭(2015.03.31)

정도 공기가 하강하여 압축되면 온도가 1℃ 오르는 것이다. 온도가 올라가면 구름 물방울에서 증발이 왕성해지므로 구름을 구성하던 물방울의 크기가 작아지다가 수증기로 바뀐다. 따라서 구름이 사라지고 푸른 하늘이 보이는 것이다. 수증기는 nm 크기의 기체 분자를 말하는 것이므로 맨눈으로는 볼 수 없다.

단열압축과 반대로, 상승기류가 생기면 공기 부피가 팽창하면서 온도가 떨어지는데 이를 단열팽창이라고 한다. 지구 대기에서 100m 상승할 때마다 1℃씩 온도가 떨어진다. 공기 온도가 떨어지면 수증기가 물방울로 응결되어 구름이 만들어지기도 한다. 그러나 사막처럼 수증기가 부족한 지역은 구름이 잘 만들어지지 않는다.

태풍이 불지 않는 곳도 있을까?

국가태풍센터 통계에 의하면 1981년부터 2010년까지 30년 동안 한 해 평균 약 25.6개의 태풍이 발생했다. 그런데 태풍이 발생한 지역은 모두 수온이 26℃ 이상인 뜨거운 열대 바다였다. 위도로는 북위 5~25° 지역이었고, 적도 부근에서는 태풍이 발생하지 않았다. 따라서 적도 지역은 태풍으로부터 안전한 지대다. 왜 그럴까?

하부 기압이 923hPa까지 떨어진 태풍이 만들어졌다고 가정해보자. 태풍 바깥쪽 공기는 태풍의 중심 기압이 그 지경이 되도록 뭐 하고 있었을까? 기압이 높은 곳에서 낮은 쪽으로 기압경도력이 작용하니 공기가 밀려 들어가서 빈자리를 메우면 기압 차가 해소될 터인데 말이다. 그 까닭을 살펴보자.

자전하는 지구는 빙글빙글 도는 회전무대와 같다. 북극 하늘을 우주에서 내려다볼 수 있다면 한 시간에 15°씩 반시계방향으로 지구가 돌아갈 것이다. 북극은 회전의 중심이므로 제자리에서 맴돌 뿐이지만, 원운동 중심에서 멀어질수록 회전 반지름이 커지므로 지표의 회전 속도가 증가한다. 실제로 지구는 적도 쪽이 볼록한 타원체지만, 반지름 6378km인 완전 구형이라고 가정해보자. 그러면 위도 65°N인 지역의 지표는 서에서 동 방향으로 시속 약 705km 속도로 지구를 회전해야 한다.

65°N 지역에 대포를 설치하고 포탄을 정남 방향으로 발사했다. 포탄은 남쪽으로 날아가는 동시에 관성의 법칙에 따라 동쪽으로도 이동해야 한다. 공기 저항이 없다고 가정하면 포탄은 동쪽으로 시속 705km 속도로 이동해야 하는 것이다.

포탄이 위도 65°N에서 출발해서 위도 60°N인 지역까지 날아가는 데 한 시간이 걸렸다면, 포탄이 날아오는 동안 위도 60°N인 지역은 꼼짝도 안 하고 가만히 기다렸을까? 〈그림 5-8〉에 나타난 것처럼 위도 60°N 지역은 65°N 지

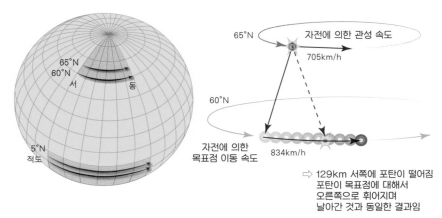

〈그림 5-8〉 코리올리 효과 원리

역보다 큰 원을 그리며 지구를 회전하기 때문에 더 빠른 속도인 시속 834km 로 이동하여 더 멀리 동쪽으로 도망간 상태다. 따라서 포탄은 목표로부터 129km 서쪽에 떨어진다.

포탄이 목표한 지점보다 오른쪽으로 편향되는 현상은 프랑스의 과학자 가스파르-구스타브 코리올리Gaspard-Gustave Coriolis, 1792~1843가 회전좌표계에 서의 관성 효과를 연구하여 세상에 널리 알렸기 때문에 '코리올리 효과Coriolis effect'라는 이름으로 불린다. 이를 힘으로 표현할 때는 코리올리 힘 또는 전향 력이라고 한다.

코리올리 효과는 지구가 자전하기 때문에 나타나는 현상으로 바람이나 해류 방향을 휘어지게 하여 소용돌이를 만든다. 북반구에서는 코리올리 힘이 물체의 진행을 오른쪽으로 편향되게 하므로 태풍과 같은 저기압 주변에서는 반시계방향으로 바람이 빙글빙글 회전하면서 서서히 중심부를 향해 진행한다 남반구는 북반구와 반대로 왼쪽으로 휘어지며 운동한다. 그러므로 저기압 중심의 상승기류가

⇨ 북반구에서 운동하는 물체는
 코리올리 효과에 의해서
 오른쪽으로 휘어지며
 운동하는 결과로 나타난다.

⇨ 물체가 운동하는 동안
 지구의 지표면이 이동함으로써
 물체의 위치 좌표가 달라진 결과

⇨ 코리올리 효과에 의해 생긴
 가상의 힘을 코리올리 힘
 또는 전향력이라고 한다.

〈그림 5-9〉 코리올리 효과

탁월한 경우에는 기압 차가 쉽게 해소되지 못해 태풍처럼 강력한 저기압이 만들어진다.

그런데 적도 지역에서는 코리올리 효과가 나타나지 않는다. 적도의 지면이 자전축과 거의 평행한 상태여서 고위도처럼 회전에 따른 편향이 일어나지 않기 때문이다. 〈그림 5-10〉은 고위도 지역과 적도 지역을 비교한 것이다.

고위도 지역은 위도 차이에 따른 회전 반경의 차이가 커서 위도별 지표 회전 속도 차이도 크다. 그에 비해 저위도는 회전 반경 차이가 작으므로 위도별 지표 회전 속도 차이가 작다. 따라서 코리올리 효과는 고위도에서 크게 나타나고, 저위도로 갈수록 작아지다가 적도에 이르면 0이 된다.

코리올리 효과가 적으면 기압 차가 발생했을 때 공기는 빙빙 돌지 않고 곧바로 직진한다. 따라서 적도는 지구 규모의 수준에서 볼 때 전체적으로 저기압 벨트에 속하는 지역이면서도 태풍과 같은 소용돌이가 발생하지 않는다.

먼지를 빨아들이는 집진 장치를 사이클론이라고 하는데, 기상학에서도

고위도 지역일수록

위도 차이에 따른
회전 반경의 차이가 크다.
⇨ 지표 회전 속도 차이가 크다.
⇨ 코리올리 효과가 크게 나타난다.
 (전항력이 크다.)

65°N
60°N
705km/h
834km/h
2,695km
3,189km

저위도 지역일수록

위도 차이에 따른
회전 반경의 차이가 작다.
⇨ 지표 회전 속도 차이가 작다.
⇨ 코리올리 효과가 작게 나타난다.
 (전항력이 작다. 적도는 0)

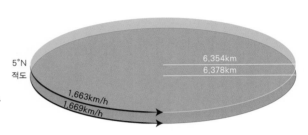

5°N
적도
1,663km/h
1,669km/h
6,354km
6,378km

〈그림 5-10〉 위도에 따라 달라지는 코리올리 효과

공기가 빙글빙글 회전하는 저기압을 사이클론cyclone이라고 한다. 그러므로 태풍은 북서태평양에서 발생하는 열대성 사이클론tropical cyclone에 붙이는 특별한 별칭이다. 한편, 아메리카 중부의 열대 바다에서 발생하는 열대성 사이클론은 허리케인hurricane*이라고 한다. 그 외의 열대 바다인도양, 남태평양에서 발생하는 저기압은 열대성 사이클론 또는 사이클론이라는 이름을 그대로 쓴다.

환생하는 태풍도 있고, 퇴출당하는 태풍도 있고

처음 태풍에 이름을 붙여 예보하기 시작한 것은 호주의 기상예보관들이었다. 그들은 익살스럽게도 자신이 싫어하는 정치가의 이름을 태풍에 붙여 방송했다.

---

* 허리케인은 마야 신화에서 폭풍의 신을 의미하는 우라칸Huracan의 영어식 발음.

"일기예보입니다. 윌슨이 엄청난 재앙을 일으킬 것 같군요. 윌슨에게 피해를 당하지 않도록 모두 주의하세요."

제2차 세계대전 이후 미 공군과 해군의 예보관들은 정치가 대신 자신의 아내나 애인의 이름을 붙였다. 그러므로 태풍의 이름은 모두 여성일 수밖에 없었다.

"여자가 태풍이면, 남자는 산들바람이야? 기가 막혀!"

여성들의 항의가 있었는지, 1978년 이후부터는 남녀 이름을 번갈아가며 한동안 사용했다.

2000년부터는 세계기상기구 태풍위원회UN/ESCAP WMO Typhoon Committe 14개 회원국이 각각 열 개씩 제출한 태풍 이름 140개를 순서대로 붙여서 사용하고 있다. 14개국 중 13개국은 모두 아시아 국가이고, 나머지 한 자리는 미국이 참여하고 있다. 아마도 미국령 괌Guam이 아시아 태풍 지역에 있으므로 위원국에 포함된 듯하다.

담레이코끼리, 콩레이산 이름 같은 이름은 캄보디아가 제출했고, 펑선바람의 신, 텐무번개의 여신 같은 이름은 중국이 제출했고, 시마론야생 황소, 하구핏채찍질 같은 이름은 필리핀이, 손띤신화 속 산신 이름, 짜미장미과의 나무 같은 이름은 베트남이 제출했다. 일본이 제출한 덴빈천칭자리, 야기염소자리, 우사기토끼자리를 비롯한 태풍 이름 열 개는 모두 별자리 이름이다.

그런데 태풍 이름은 한글로 만들어진 것이 제일 많다. 왜일까? 그 이유는 남한과 북한이 각각 열 개씩 제출했기 때문이다.

'개미, 제비, 나리, 너구리, 장미, 고니, 미리내, 메기, 노루, 독수리, 기러기, 종다리, 도라지, 버들, 갈매기, 노을, 무지개, 민들레, 메아리, 날개.'

스무 개의 한글 이름 중 순우리말이 아닌 것이 하나 있는데, 국어사전을 찾아보며 우리말을 공부하는 것도 재미있다.

그런데 140개의 태풍 이름을 순서대로 붙이면, 1년에 태풍이 30개 정도 발생하므로 5년 이내에 쓸 이름이 바닥나고 만다. 그러므로 과거에 수명을 다하고 스러진 태풍이 다시 옛 이름을 달고 나타나기도 한다. 태풍 입장에서는 환생인 셈. 예를 들면, 2004년 9호 태풍 곤파스, 2010년 7호 태풍 곤파스, 2016년 11호 태풍 곤파스는 이름이 같지만 발생 연도는 다른 동명이풍^{同名異風}이다.

이와 달리, 고약한 짓을 저질러서 영구 제명된 태풍도 여럿이다. 2003년 14호 태풍 매미는 심각한 피해^{한국에서 사망·실종된 사람이 132명, 이재민 6만 명, 재산 손실 4조 7000억 원}를 입혔기 때문에 태풍 후보 명단에서 퇴출당하고, 대신 무지개라는 새 이름이 명단에 올랐다. 같은 이유로 2005년 14호 태풍 나비는 독수리로 개명되었고, 2013년 1호 태풍 소나무는 필리핀과 말레이시아에 큰 피해를 줬기 때문에 종다리로 개명되었다. 이 밖에도 와메이, 차타안, 루사, 봉선화, 코도, 임부도, 수달, 팅팅, 맛사, 모라꼿 등등 여러 이름이 삭제되었다. 삭제된 이름이 많다는 것은 피해를 많이 끼쳤다는 소리와 같으니 앞으로는 사라지는 이름이 없었으면 좋겠다.

태풍은 강풍과 폭우가 함께 와서 위험하지만, 꼭 나쁘기만 한 것은 아니다. 태풍은 더위를 식혀주고 가뭄을 해소하고, 저위도의 열을 고위도로 운반하여 위도에 따른 온도 차를 적게 하고, 대기를 청소하여 깨끗하게 하고, 바닷물을 뒤섞어 바다 생태계에 활력을 띠게도 한다. 1994년 13호 태풍 더그, 2015년 9호 태풍 찬홈은 가뭄 해소에 큰 역할을 했기 때문에 '효자 태풍'이라는 칭찬을 듣기도 했다.

대칭으로 부는 북반구와 남반구의 바람

영화 〈캐리비안의 해적〉의 주인공 잭 스패로우 선장은 남반구와 북반구의 풍계가 거울처럼 대칭이라는 것을 알고 있다. 그는 북위 30°에서 적도를 향해 부는 무역풍은 북동풍이고, 남위 30°에서 적도를 향해 부는 무역풍은 남동풍이라는 것도 알고 있다. 북반구의 사이클론은 반시계방향으로 회전하지만, 남반구의 사이클론은 시계 방향으로 회전한다는 것도 안다. 위도 30°에서 60° 사이는 북반구나 남반구나 편서풍이 분다는 사실을 알고 있고, 위도 60° 보다 고위도 지방으로 가면 차가운 동풍이 분다는 사실도 안다. 잭 스패로우 선장에게 그런 지식이 없었다면 폭풍우가 몰아치는 바다에서 유능한 선장이 될 수 없었을 것이다.

북반구와 남반구의 풍계가 거울처럼 대칭인 것은 왜일까? 복잡하게 생각할 것 없다. 북반구와 남반구의 자전 방향은 서로 반대이기 때문이다. 지구가 맷돌도 아닌데 북반구와 남반구가 반대로 돌다니? 대체 이게 무슨 소릴까?

지구를 북극에서 내려다보면 지구가 반시계방향으로 자전하는 것처럼 보인다. 그러나 지구를 남극의 하늘에서 내려다보면 지구는 시계 방향으로 자전

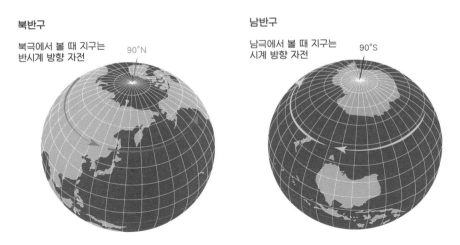

북반구

북극에서 볼 때 지구는
반시계 방향 자전

90°N

남반구

남극에서 볼 때 지구는
시계 방향 자전

90°S

〈그림 5-11〉 북반구와 남반구의 자전 방향

한다.

남반구는 북반구를 뒤집어놓은 모양과 같다. 그래서 대기의 흐름이나 해류의 흐름은 모두 거울상처럼 대칭으로 나타난다. 거울을 보면 오른쪽과 왼쪽이 뒤바뀌어 보이는데 지구 자전에 따른 코리올리 효과도 마찬가지다. 북반구에서는 코리올리 힘이 오른쪽으로 작용하지만, 남반구에서는 코리올리 힘이 왼쪽으로 작용한다. 그로 인해서 나타나는 대기 흐름은 〈그림 5-12〉와 같다.

지구 대기 순환으로 생기는 무역풍, 편서풍, 극동풍은 온도 차에 의한 공기 대류와 지구 자전에 의한 코리올리 효과가 만들어내는 것이다. 지구 대기의 대류권에서 일어나는 공기 이동의 패턴을 간략하게 나타내면 〈그림 5-13〉과 같다.

적도는 지구에서 가장 뜨거운 지역이므로 상승기류가 탁월하다. 따라서

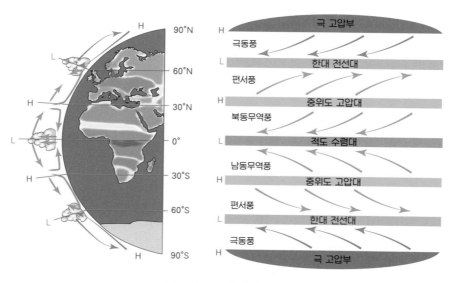

〈그림 5-12〉 지구의 대기 순환

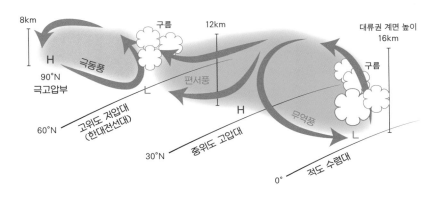

적도 뜨거운 지역 ⇨ 상승기류 탁월 ⇨ 저기압대 형성 ⇨ 구름 발생 ⇨ 강수량 많음 ⇨ 열대우림기후
위도 30도 부근 적도 상공에서 이동한 공기 퇴적 ⇨ 고기압대 형성 ⇨ 구름 소멸 ⇨ 강수량 적음 ⇨ 건조기후
위도 60도 부근 남쪽의 더운 공기와 북쪽의 찬 공기 충돌 ⇨ 구름 발생 ⇨ 강수량 많음 ⇨ 고위도 저압대(한대전선대)
극 지역 가장 추운 지역 ⇨ 공기 수축 ⇨ 극고압부 형성 ⇨ 한랭하고 강수량 매우 적음

〈그림 5-13〉 대류권의 공기 이동 패턴

적도 전체는 저기압 벨트를 형성하고, 구름이 많이 생성되어 연중 6개월 정도
는 비가 오는 열대우림기후가 된다. 아프리카와 아마존의 밀림이 우거진 지역
이 바로 그와 같은 기후에 해당한다.

　　위도 30° 부근은 적도에서 상승한 공기가 몰려와서 쌓이기 때문에 고기
압 벨트를 만든다. 특히 위도 20~30° 사이는 온도도 높아서 사막기후를 형성
하며, 그보다 적도에 가까운 지역은 초원기후를 형성하는데 그 이유는 적도수
렴대가 여름에는 북상하고 겨울에는 남하하여 우기와 건기가 형성되기 때문
이다. 아프리카 초원 지대 동식물은 우기 때 번창하고 건기 때는 참고 견디며
사는 법을 터득하고 있다.

　　위도 30°에서 북서 방향으로 부는 편서풍은 60° 근방에서 북쪽의 한랭한
극동풍과 마주치는데, 더운 공기가 찬 공기와 만나는 전쟁터를 전선대라고 부
른다. 따라서 한대전선대라는 이름으로 불리는 위도 60°지역은 공기가 뒤섞이

며 냉각되는 과정에서 구름이 많이 생기기 때문에 강수량이 많은 지역이 된다. 그래서 핀란드처럼 북유럽에 속한 나라는 고무장화가 생활필수품이다.

위도 60°보다 북쪽으로 가면 지구에서 가장 추운 지역이므로 공기가 차갑게 냉각되어 극고압부가 된다. 극 지역은 구름이 별로 생기지 않아서 눈이 자주 내리지는 않는다. 대신 차가운 바닷바람에 수증기가 얼어붙어서 눈보라로 날릴 때가 많은데, 이를 블리자드^{blizzard}라고 한다.

에너지 순환의 완성, 기압

구름에도 종류가 있다

구름을 높이에 따라 구분할 때에는 기본적으로 상층운high-level cloud; 고도 6~13km, 중층운mid-level cloud; 2~6km, 하층운low-level cloud; 2km 이하으로 구분한다.

구름을 모양에 따라 분류할 때는 곱슬머리 모양*이라는 뜻의 권운卷雲, 털구름, cirrus, 이불처럼 넓게 층을 이루며 퍼지는 층운層雲, 층구름, stratus, 쌓아 올린 더미를 뜻하는 적운積雲, 쌘구름, cumulus으로 구분한다.

그런데 구름을 세 종류로만 구분하면 좀 심심하다. 그래서 학자들은 구름을 세분하여 가짓수를 늘렸다. 권운이면서도 층운의 모습을 닮은 형태의 구름은 권층운卷層雲, 털층구름, cirro-stratus, 적운을 닮은 권운은 권적운卷積雲, 털쌘구름, cirro-cumulus이라고 글자를 조합하여 이름을 붙였다. '권'이라는 글자가 들어간 구름은 모두 상층운6km 이상 높이이다. 따라서 구름에 수증기가 적게 포함되어 있고, 온도가 -25℃ 이하로 매우 낮아서 구름 입자가 빙정얼음 입자으로 되어 있어서 하얗게 빛난다. 그래서 권운 종류에서 비가 내리는 일은 없다.

권운 종류가 셋으로 늘었으므로 층운과 적운도 이 같은 방식으로 세분할 수 있다. 층운과 적운이 제법 높은 하늘에 만들어진 경우에는 높을 고 자

---

* 권운의 권卷은 구불구불하다는 뜻을 포함한다.

층운

적운

권운

권층운

권적운

고층운

고적운

층적운

난층운

적란운

〈그림 5-14〉 구름의 종류

를 붙여서 각각 고층운^{高層雲, 높층구름, alto-stratus}, 고적운^{高積雲, 높쌘구름, alto-cumulus}이라고 한다. 고층운과 고적운에 높을 고 자가 붙기는 했으나, 구름이 형성되는 높이로는 중층운^{2~7km}에 속한다. 고층운의 영어명은 alto-stratus, 고적운은 alto-cumulus이다. 두 단어 모두 앞머리에 alto^{알토; 높다는 뜻}라는 접두어가 붙었는데, 이를 번역하는 과정에서 높을 고 자가 붙은 것이다. 상층운을 소프라노라고 생각하고, 중층운을 알토로 생각하면 이해하기 쉽다.

층운과 적운의 중간 형태는 층적운^{層積雲, strato-cumulus}이라고 한다. 층적운은 대개 하층운^{2km 이하}의 높이에서 형성된다.

구름 모양이 안정적이지 못하고 상승과 하강기류가 왕성한 경우에는 대개 빗방울이 만들어진다. 그래서 비를 동반하는 구름에는 난^{亂; 어지러울 난}이라는 글자를 붙이는데, 난층운^{亂層雲, nimbo-stratus}과 적란운^{積亂雲, cumulo-nimbus}이 있다. 영어 이름으로 쓸 경우에 nimbus는 폭풍우를 뜻한다. 적운과 난층운은 규모에 따라서 하층에서 중층까지 두껍게 발달할 수 있고, 적란운은 상공 10km 이상 수직으로 치솟기도 한다.

세계기상기구는 '권운, 층운, 적운, 권층운, 권적운, 고층운, 고적운, 층적운, 난층운, 적란운'을 구름의 기본 형태 10종으로 규정하고 있다.

기본 운형 이외의 구름으로는 해넘이 때 구름층의 밑면이 햇빛을 받아 진주처럼 광택이 나는 진주구름^{nacreous cloud}, 밤에도 빛나는 야광운^{noctilucent cloud} 등이 있다. 이와 같은 구름은 해가 진 이후에도 태양빛이 도달할 수 있는 매우 높은 상공에 형성되는 것이므로 최상층운^{extreme-level cloud}으로 분류할 수 있다.

우리도 기상 예보관이 될 수 있다

중위도에서 일주일이 멀다 하고 수시로 발생하는 저기압을 온대저기압^溫^{帶低氣壓}이라고 한다. 온대저기압은 극 지역의 찬 기단*과 중위도의 따뜻한 기단이 대치하는 50~60°의 한대전선대에서 주로 발생한다.

한대전선대에서 주로 발생하는 저기압이 온대저기압이라니, 그 이름이 좀 어색하기는 하다. 그래서 영어권의 국가에서는 '열대성 이외의 사이클론 extratropical cyclone'이라는 용어를 흔히 사용한다.

찬 기단과 따뜻한 기단 세력이 팽팽하게 대치할 때 경계선은 동서 방향으로 길게 늘어선 휴전선과 비슷하다. 그와 같은 기단의 경계선을 정체전선^{停滯前}^{線, stationary front}이라고 한다.

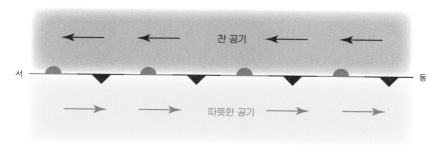

〈그림 5-15〉 정체전선

그런데 한대전선대 북쪽에 위치한 찬 공기에서는 동풍 계열의 바람이 불고, 남쪽의 따뜻한 공기에서는 서풍 계열의 바람이 분다. 공기의 이동 방향이 서로 엇갈리므로 경계면에서 요동이 생기면 정체전선의 경계가 무너지면서 공

---

* 온도와 습도가 거의 균질한 공기덩어리. 수평 규모 1000km 이상.

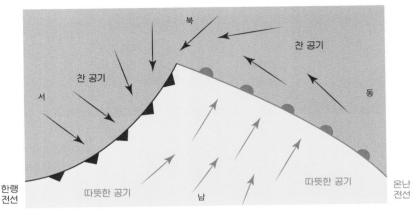

〈그림 5-16〉 한랭전선과 온난전선

기가 뒤섞이기 시작한다. 북반구에서는 코리올리 효과가 물체의 진행 방향인 오른쪽으로 작용하므로 〈그림 5-16〉처럼 남쪽의 따뜻한 공기는 동쪽으로 치고 올라가고, 북쪽 차가운 공기는 서쪽으로 밀고 내려오게 된다. 이 과정에서 정체전선은 온난전선과 한랭전선으로 분리된다.

　온난전선溫暖前線, warm front은 따뜻한 공기가 찬 공기를 미는 전선이다. 그런데 찬 공기는 따뜻한 공기보다 밀도가 크기 때문에 잘 밀리지 않는다. 따라서 따뜻한 공기는 찬 공기를 올라타면서 완만한 기울기로 천천히 밀어 가게 된다. 이 과정에서 층운형 구름이 만들어진다. 온난전선면의 단면도는 〈그림 5-17〉과 같다.

　한랭전선寒冷前線, cold front은 찬 공기가 불도저처럼 밀고 오는 전선이다. 따라서 밀도가 낮은 더운 공기는 찬 공기에 의해 비교적 맥없이 밀리면서 가파르게 상승한다. 그러므로 한랭전선면에서는 흔히 적운이나 적란운이 만들어진다. 한랭전선면의 단면은 〈그림 5-18〉과 같다.

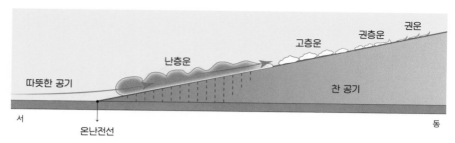

〈그림 5-17〉 온난전선면의 단면

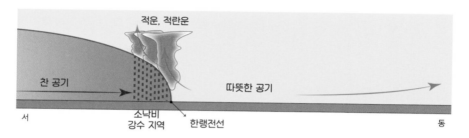

〈그림 5-18〉 한랭전선면의 단면

　온난전선과 한랭전선이 발달한 온대저기압의 구름과 강수 지역을 나타내면 〈그림 5-19〉와 같다. 북반구 온대저기압의 전체적인 풍계는 반시계방향이지만, 전선을 경계로 풍향이 급변한다. 온난전선 앞에 형성된 층운형 구름대는 폭이 넓고, 한랭전선 뒤에 형성된 적운형 구름대는 폭이 좁은 편이다.

　빗방울은 구름이 두꺼울수록 굵어진다. 따라서 두께가 얇은 층운형 구름에서는 안개비, 이슬비, 가랑비, 부슬비, 실비와 같은 가는 비가 내리고, 수직으로 발달한 적운형 구름에서는 소나기, 장대비, 작달비, 채찍비 등 세차게 쏟아지는 굵은 비가 내린다.

　그럼 빗방울의 굵기는 얼마나 굵어질까?

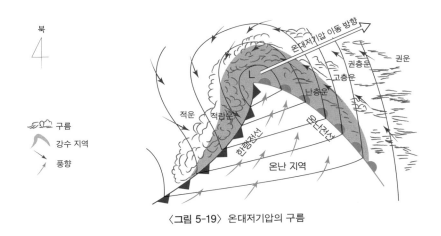

북

구름
강수 지역
풍향

온대저기압 이동 방향
권운
권층운
고층운
난층운
온난전선
한랭전선
적운
적란운
온난 지역

〈그림 5-19〉 온대저기압의 구름

    굵은 빗방울의 경우도 6mm 정도의 크기가 한계다. 그보다 큰 빗방울은 대부분 공기 저항으로 부서져서 작은 물방울로 변하기 때문이다.

    〈그림 5-20〉은 빗방울을 고속 촬영한 사진이다. 빗방울은 공기의 저항을 받아 빈대떡처럼 퍼진 형태로 떨어지다가 땅에 철퍼덕 부딪히면 달걀부침처럼 납작해진다. 수도꼭지에 대롱대롱 매달렸다가 떨어지는 물방울과는 전혀 다른 모습이다.

We = 75
Pe = 174

We = 75
Pe = 320

〈그림 5-20〉 떨어지는 빗방울(왼쪽)과 바닥에 떨어진 빗방울

온대저기압의 특징들을 조합하여 일기도 형식으로 등압선, 풍향, 전선 등을 나타내면 〈그림 5-21〉과 같다. 중위도는 편서풍 지대이므로 기상 시스템은 모두 서에서 동 방향으로 이동한다. 일기가 중국에서 한국을 거쳐 일본 쪽으로 이동하는 것이다. 따라서 일기도를 보면 현재의 일기 상태를 알 수 있고 일기예보도 할 수 있다. 기상 예보관이 되어보자.

"정오 일기 뉴스입니다. 현재 영동 지방은 비가 내리고 있습니다. 초속 5m 정도의 동풍이 불고 있고 기온은 낮은 편입니다. 남부 지방은 지난 밤, 비가 내렸으나 지금은 비가 그치고 구름은 개었습니다. 남서풍이 불기 때문에 기온은 비교적 높은 편입니다. 서해상에는 한랭전선이 비구름을 몰고 다가오는 중입니다. 폭우와 함께 북서풍이 초속 7m의 속도로 불고 있어서 높은 파도가 예상되니 항해하는 선박들은 특히 주의하시기 바랍니다. 한랭전선이 지나가는 오늘 밤부터는 전국의 기온이 큰 폭으로 떨어지겠고, 소나기가 내리며 천둥 번개가 치는 곳도 있겠습니다. 저기압이 지나가고 난 후에는 중국 쪽에서 고기압 세력이 다가오므로 내일 날씨는 비교적 맑고 쾌청할 것으로 예상합니다."

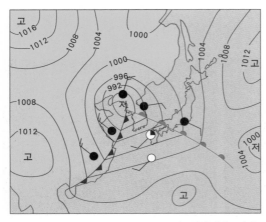

현재 일기 상태
• 영동 지방은 온난전선 앞면에 위치하여 비가 내리고 있다.
• 남부 지방은 구름이 지나가며 비가 왔으나 현재는 갬 상태 기온은 다른 지역보다 높고 남서풍이 불고 있다.
• 서해는 한랭전선이 놓여 있어 소나기성 비가 내리고 있으며 북서풍이 초속 7m의 속도로 불고 있다.

이후 일기 변화
편서풍 지대에 있으므로 저기압은 중국 ⇨ 한국 ⇨ 일본쪽으로 이동하며 날씨를 변화시킨다.

〈그림 5-21〉 일기도

온대저기압은 북쪽의 찬 공기와 남쪽의 따뜻한 공기가 섞이며 에너지를 교환하는 시스템이다. 이동 속도는 한랭전선이 빨라서 며칠 뒤에는 한랭전선이 온난전선을 따라잡아 겹치는데 이를 폐색전선閉塞前線, occluded front이라고 한다. 폐색은 '닫히어 막힘'이라는 뜻으로 팔八 자 형태로 열렸던 전선 사이로 따뜻한 공기가 유입되다가 영업을 끝내고 점포 문을 닫는 것에 비유할 수 있다. 폐색전선이 형성된 후에도 비는 한동안 내리지만 머잖아 비가 개고 온대저기압은 소멸할 것이다. 온대저기압의 수명은 보통 일주일 정도다.

온대저기압의 발생과 소멸 과정에 대한 전선 이론은 노르웨이 기상학자 빌헬름 비에르크네스Vilhelm Friman Koren Bjerknes, 1862~1951와 그의 아들 야곱 비

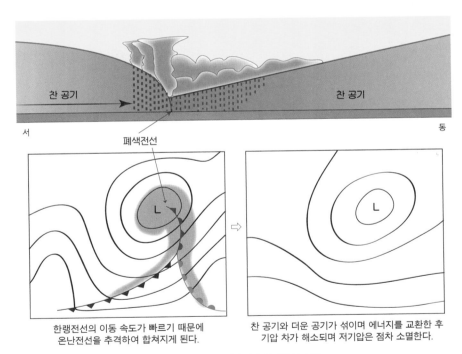

찬 공기   찬 공기

서   동

폐색전선

한랭전선의 이동 속도가 빠르기 때문에   찬 공기와 더운 공기가 섞이며 에너지를 교환한 후
온난전선을 추격하여 합쳐지게 된다.   기압 차가 해소되며 저기압은 점차 소멸한다.

〈그림 5-22〉 폐색전선과 저기압의 소멸

에르크네스Jacob Aall Bonnevie Bjerknes, 1897~1975의 연구를 기초로 하여 발전했다.

현대 기상학에서는 온대저기압의 발생과 소멸 과정을 상공의 편서풍 파동과 연관 지어 설명한다. 편서풍 파동은 대류권 계면 부근의 상공에서 남북 방향과 상하 방향으로 동시에 굽이치며 부는 강한 서풍이다. 편서풍 파동이 남쪽으로 치우친 지역에는 기압골기압이 낮은 골짜기이 형성되는데, 기압골 동쪽 지역은 하늘 방향으로 공기의 발산이 일어나면서 지상에 저기압이 형성되는 것으로 파악된다.

키 큰 고기압과 키 작은 고기압은 태생부터 다르다

저기압의 일반적인 두 가지 형태는 열대저기압과 온대저기압이다. 고기압anticyclone, high pressure 역시 크게 두 가지 형태로 구분할 수 있다. 키 큰 고기압과 키 작은 고기압이다.

키 큰 고기압의 키는 무려 10km 이상이다. 뭘 먹고 그렇게 컸을까? 키 큰 고기압은 적도에서 상승한 공기가 중위도 부근으로 이동하여 하강하면서 공기를 수북하게 쌓기 때문에 발생한다. 퇴적된 공기는 각각 지상의 편서풍과 무역풍이 되어 남북으로 이동하지만 공기의 무게에 의해 짓눌려 상승한 공기 압력은 쉽게 해소되지 않는다. 왜냐하면 지상에서 공기가 이동할 때는 마찰력이 작용하여 상공보다 흐름이 원활하지 못하기 때문이다. 따라서 공기 흐름이 정체되어 상층의 기압도 상승하면 상공 10km 이상까지 치솟는 키 큰 고기압으로 발전한다. 특히 아열대 지방은 평소 기온이 높은 데다가 공기 압축에 의한 온도 상승까지 더해지므로 고기압 하부의 기온이 매우 높다. 한여름 무더위를 몰고 오는 북태평양 고기압이 바로 키 큰 고기압이다. 키 큰 고기압은 아열대 지방의 터줏대감이므로 '아열대고기압', 고기압 내부의 온도가 높아서 '온난고

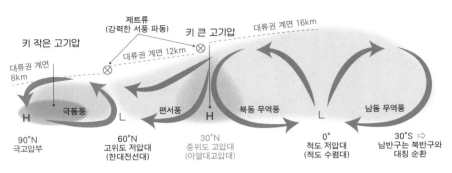

〈그림 5-23〉 키 큰 고기압, 키 작은 고기압

기압'이라고도 한다.

키 작은 고기압은 한랭한 극지방 근처에서 공기의 냉각 수축으로 인해 발생하는 고기압이다. 키 높이가 겨우 3km 정도밖에 안 된다. 겨울철 한파를 몰고 오는 시베리아 고기압은 키 작은 고기압의 대표로 된바람^{북풍}, 마칼바람^{북서풍}을 몰아치며 매서운 추위를 선사한다.

저위도에서 공기가 상승하여 원활하게 공급된다면 키가 그렇게 작아지지 않아도 될 텐데 어째서 공기 공급이 잘 안 되는 것일까? 극 지역 상공에 편서풍 파동이 강력하게 형성되어 있어서 공기 유입이 원활하지 않기 때문이다. 상공의 편서풍 파동에서 바람이 매우 강한 두 개의 축이 아열대 상공과 아한대 상공에 있는데 그 흐름을 제트류^{jet stream} 또는 제트 코어^{jet core}라고 한다. 편서풍 파동이나 제트류는 카오스 운동이어서 공식으로 표현하기 어렵지만, 회전하는 이중 물통 실험으로 그 현상을 재현할 수 있다.

회전하는 원통은 이중으로 되어 있어서 중심부 원통에는 얼음이나 드라이아이스를 넣고 냉각시킨다. 중심부를 지구의 북극처럼 냉각시키는 것이다. 바깥쪽 원통에는 물을 넣고 물의 흐름을 살필 수 있도록 발포 금속 가루를

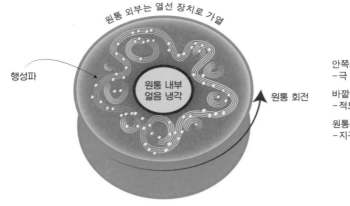

행성파

원통 내부
얼음 냉각

원통 회전

안쪽의 원통 얼음 냉각
-극 지방의 냉각 효과

바깥쪽 원통 가열 장치
-적도 지방의 가열 효과

원통의 회전
-지구 자전 효과

〈그림 5-24〉 편서풍 파동 실험

뿌린다. 바깥쪽 원통은 열선 장치를 하여 중위도의 지면처럼 따뜻하게 가열한
다. 즉 원통의 내부는 냉각시키고, 외부는 가열하는 것이다. 그러면 물은 내벽
에서 가라앉고 외벽에서 상승하는 대류가 일어난다. 그런데 그 상태에서 원통
을 지구처럼 빙글빙글 회전시키면 요동이 일어나면서 물 표면에 구불구불한
형태의 파동이 나타난다. 이러한 파동은 자전하는 행성들의 대기에서 공통으
로 나타나는 현상이므로 행성파planetary wave라고 부르는데, 이것이 지구의 편
서풍 파동과 같다.

2011년 3월 11일 동일본 지진이 일어나 지진 해일쓰나미, tsunami이 발생했
고, 그 여파로 원자력발전소의 원자로가 파손되어 후쿠시마 일대가 방사능에
노출되는 사고가 일어났다. 사람들은 일본의 피해를 위로하고 후원을 보내는
한편 걱정도 많이 했다. 지리적으로 가까운 한국으로 방사성 물질이 날아올지
도 모른다는 우려 때문이었다. 그러나 별 탈은 없었다. 〈그림 5-25〉는 상공의
편서풍 파동을 추적하여 컴퓨터 시뮬레이션으로 나타낸 것이다. 회전 원통 실
험 장치에서 나타난 프라네터리 파행성파를 똑 닮았다. 그 흐름은 서에서 동쪽

을 향하고 있고 상공에서의 풍속은 초속 30~100m 정도다. 그러므로 일본에서 유출된 방사성 물질이 바람을 거슬러 한국으로 올 가능성은 매우 희박했고, 실제로도 별 영향이 없었다.

편서풍 파동 굴곡이 심해지면 파동에서 분리된 고기압이 고위도 지역에 생기기도 한다. 이러한 고기압을 분리 고기압cut-off high이라고 부른다. 태평양에 시계 방향으로 회전하는 형태의 동그라미가 바로 그와 같은 고기압이다. 또한 분리 고기압이 한 곳에 정체될 경우에는 대기 흐름을 가로막는데 이 경우에는 저지고기압blocking high이라는 용어로 불린다. 키 큰 온난고기압은 성질상 저지고기압이다.

대류의 고기압에서 분리된 작은 규모의 고기압들은 이동성고기압migratory anticyclone이라고 한다. 이동성고기압과 온대저기압은 편서풍의 영향으로 동쪽으로 이동하며 날씨 변화를 가져온다. 따라서 중위도는 날씨 변화가 심하고 남북의 에너지 교환이 활발한 지역이다.

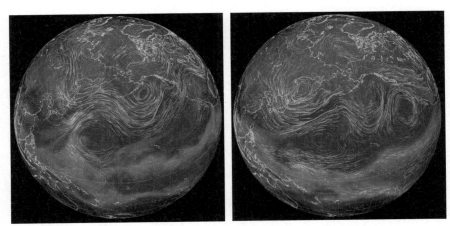

〈그림 5-25〉 태평양 상공의 편서풍 파동

6

움직이는 별 하나에… 지구가 비친다

– 지구의 자전과 공전

지구가 움직인 걸까? 별이 움직인 걸까?

별은 매일 같은 시간에 뜰까?

"별 하나에 추억과 별 하나에 사랑과 별 하나에 쓸쓸함과 별 하나에 동경과 별 하나에 시와…."

윤동주가 본 밤하늘은 얼마나 아름다웠을까. 도시에 사는 사람들은 밤하늘을 잃어버렸다. 전깃불과 먼지로 덮인 콘크리트 숲에서 스마트폰과 함께 밤을 잊었을 뿐. 비 갠 날, 시골 밤하늘에는 별이 쏟아진다. 우리의 밤하늘을 찾으러 가보자.

북극성은 항성이다. 북두칠성이 속한 큰곰자리나 W 모양의 카시오페이아자리를 이루는 별들도 모두 항성이다. 거문고자리 직녀성, 염소자리 견우성, 큰개자리 시리우스, 오리온자리 베텔게우스와 리겔, 사자자리 레굴루스…. 특별한 이름이 있거나 없거나, 밤하늘에 빛나는 거의 모든 별은 항성이다.

항성은 밤하늘에 못을 박아 고정한 것처럼 보이는 붙박이별이다.

'어? 내 눈에는 늘 다른 위치에 보이던데…?' 하고 의아해하는 독자가 있을 것이다.

항성이 붙박이별이라는 것은 별들끼리의 상대 위치에 변동이 없다는 뜻이다. 빙글빙글 도는 회전무대 지구에서 보면 하늘의 태양도 계속 움직인다. 별들도 그와 마찬가지다. 태양처럼 동쪽 지평선에서 떠오르고 서쪽 지평선 아래로 진다.

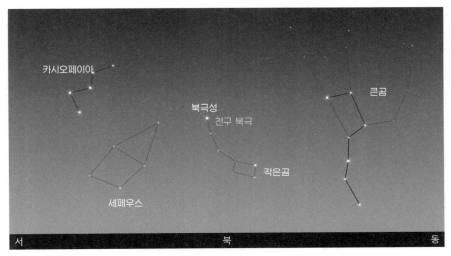

카시오페이아

큰곰

북극성

천구 북극

작은곰

세페우스

서   북   동

〈그림 6-1〉 북반구 중위도 북쪽 하늘

〈그림 6-1〉은 어떤 날 북반구 중위도에서 북쪽 하늘을 보았을 때의 그림이다. 북극성에서 서쪽으로는 W 모양의 카시오페이아가, 동쪽으로는 큰곰자리가 보인다. 큰곰자리에서 국자처럼 생긴 밝은 별 일곱 개가 북두칠성이다.

〈그림 6-2〉은 두 시간이 흐른 후 북쪽 하늘의 모습이다. 카시오페이아, 케페우스, 작은곰, 큰곰자리 모두 반시계방향으로 약 30° 이동했다. 회전 이동의 중심은 지구 자전축을 천구天球, celestial sphere*에 무한히 연장하여 만나는 한 점인 천구 북극이다. 천구 북극은 북극성이 있는 위치에서 0.7° 정도 어긋난 자리에 있다.

남쪽 하늘은 별들이 어떻게 움직일까? 남쪽의 하늘은 북쪽 하늘과 달리시계 방향으로 움직이는 것처럼 보인다. 방향을 어렵게 생각할 것은 없다. 해

---

* 우주를 무한한 크기의 공이라고 생각하는 개념.

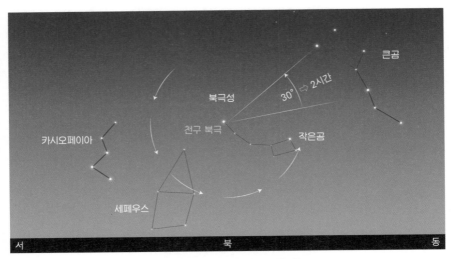

〈그림 6-2〉 북반구 중위도 북쪽 하늘

달 별 모두 동쪽에서 떠서 서쪽으로 지니까. 그래서 북쪽 하늘을 보면 반시계 방향으로 하늘이 도는 것으로 보이고, 남쪽 하늘을 보면 시계 방향으로 이동하는 것으로 보인다.

〈그림 6-3〉은 겨울철 남쪽 하늘의 일주운동 모습을 나타낸 것이다. 겨울철 다이아몬드라고 불리는 여섯 개의 별을 기억해두면 별을 보는 목동처럼 아는 척 좀 할 수 있다. 큰개자리 시리우스, 작은개자리 프로키온, 쌍둥이자리 폴룩스, 마차부자리 카펠라, 황소자리 알데바란, 오리온자리 리겔이 바로 다이아몬드의 꼭짓점이다. 오리온자리의 a알파별은 베텔게우스인데 다이아몬드 중심에 있다. 베텔게우스는 태양 크기의 1200배나 되는 붉은색 초거성 supergiant이라서 맨눈으로 보아도 붉게 보인다.

밤하늘 별들이 한 시간에 15°씩 이동하는 겉보기운동을 일주운동이라고 한다. 물론 이것은 지구의 자전 때문에 생기는 겉보기운동일 뿐 실제로 별들

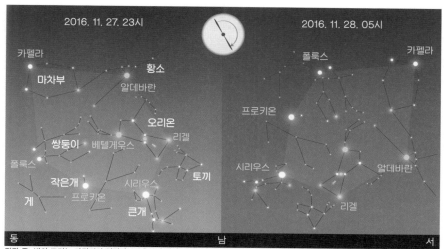

저자 주: 별의 크기는 과장되어 있지만, 크게 그린 별이 더 밝다. 붉은 빛이 도는 별과 푸른 빛이 도는 별을 구별했다. 붉은 별의 표면온도
는 태양보다 낮으며, 푸른 별의 표면온도는 높다.

〈그림 6-3〉 겨울철 북반구 중위도 북쪽 하늘

이 이동하는 것은 아니다. 별들의 일주운동 주기는 약 23시간 56분 4초다. 하루의 길이가 24시간인데 비해서 약 4분 정도 일찍 제자리로 돌아오는 것이다. 왜 그럴까? 바로 지구의 자전주기가 23시간 56분 4초이기 때문이다.

자전주기가 23시간 56분 4초인데, 하루는 왜 24시간일까?

하루가 24시간인 이유는 태양을 기준으로 하루를 만들었기 때문이다. 태양의 위치는 지구의 공전 운동 때문에 하루에 약 1°씩 이동하는 것처럼 보인다. 따라서 지구가 360°를 자전하고 1°를 더 자전해야 태양이 어제와 같은 방향에 보인다.

태양에 맞추어 날짜와 시간을 정한 것은 자연스러운 일이다. 태양이 남중정남 방향에 위치한 상태하고 하루가 지나 다시 남중할 때까지의 시간을 1태양일24시간이라고 한다. 별이 남중하고 다시 남중할 때까지의 시간은 1항성일23시간 56

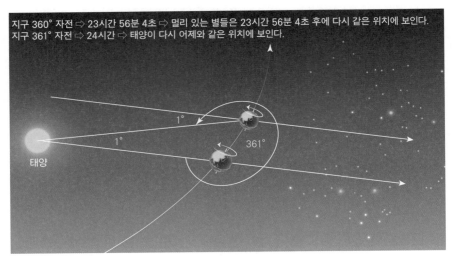

지구 360° 자전 ⇨ 23시간 56분 4초 ⇨ 멀리 있는 별들은 23시간 56분 4초 후에 다시 같은 위치에 보인다.
지구 361° 자전 ⇨ 24시간 ⇨ 태양이 다시 어제와 같은 위치에 보인다.

태양

1°

1°

361°

〈그림 6-4〉 지구의 공전과 자전

분 4초이라고 부른다. 1태양일과 1항성일은 약 4분 차이가 난다. 그 차이로 인해
별들이 뜨고 지는 시간이 매일 4분씩 앞당겨지는 것이다.

태양도 밤하늘 사이를 움직일까?

5월 23일 저녁 8시경 태양이 서쪽 지평선으로 넘어간 후에 남쪽 하늘에
는 〈그림 6-5〉처럼 사자자리가 보인다.

그런데 사자자리는 매일 4분씩 일찍 뜨고 일찍 지기 때문에 날이 갈수록
태양을 향해 점점 다가가는 것처럼 보인다. 5월 23일에는 사자자리의 α성 레굴
루스와 태양의 각거리가 90° 정도였는데, 두 달이 흘러 7월 23일경에는 각거리
30° 정도로 좁혀졌다. 둘 중 누가 움직였을까? 사자자리가 통째로 이동한 것일
까, 아니면 태양이 사자자리 쪽으로 이동한 것일까? 아니면 자석에 이끌리듯

<그림 6-5> 태양의 연주운동

서로 가까이 이동한 것일까?

고대의 학자들은 이러한 현상에 대해서 어떤 해석을 내놓았을까?

2600년 전 고대 그리스의 아낙시만드로스Anaximandros, B.C. 610~B.C. 546는 여러 겹의 원통형으로 생긴 우주가 빙글빙글 돌기 때문에 천체가 움직인다고 생각했다. 별들은 안쪽의 작은 원통을 돌고 태양과 달은 수레바퀴처럼 생긴 큰 원을 그리며 지구 주위를 회전한다고 생각한 것이다. 이 가설에 따르면 별의 회전 속도와 태양의 회전 속도가 달라서 태양이 사자자리로 이동해가는 것으로 해석할 수 있다.

그로부터 약 300년 후, 그리스의 아리스타르코스^{Aristarchos, B.C. 310~B.C. 230}는 아낙시만드로스의 우주관을 엉터리라고 생각하고는 최초로 지동설을 주장했다.

"달 모양이 반달일 때 지구와 달 태양의 위치를 선으로 연결하면 직각삼각형일 것이야. 삼각법과 시차를 이용하여 계산해볼까? 으흠…, 태양은 달보다 열아홉 배 멀리 있는 것 같아. 그렇다면 태양은 달보다 열아홉 배 크겠군. 으흠…, 달은 지구의 3분의 1 크기로 계산되니, 태양의 크기는 지구의 일곱 배나 된다는 소리인걸! 그렇다면 지구를 중심으로 태양이 돈다는 천동설은 틀린 거야. 태양을 중심으로 지구가 도는 것이지, 아무렴 그렇고말고."

그러나 천동설을 믿던 사람들은 아리스타르코스의 생각을 믿지 않았다. 오히려 신성모독이라며 그를 처벌해야 한다고 주장할 뿐이었다.

2세기 초에는 알렉산드리아에서 활동하던 프톨레마이오스^{Claudius Ptolemaeos, 83~168}가 천동설天動說을 집대성한 책을 출판했다. 그 책은 훗날 아랍어로 번역되면서 《알마게스트^{Almagest: 위대한 책}》라는 제명으로 널리 알려졌다. 《알마게스트》는 태양계의 운동을 지구 중심으로 매우 정교하게 설명했다. 천동설을 영어로 '톨레미의 이론^{Ptolemaic theory}'이라고 하는데, 이는 프톨레마이오스의 이름에서 비롯됐다. 그의 이론에는 지구를 중심으로 태양과 달이 돌고 있고, 행성들 역시 지구를 돌고 있는 것으로 묘사된다. 천동설에서는 태양이 움직이고 있으므로 별자리 사이를 이동하는 것은 당연하다. 그러나 천동설은 진실이 아니었다는 사실이 17세기에 이르러서야 알려졌다.

과학으로 한걸음 더 지구, 달, 태양 크기를 측정하다

아리스타르코스는 반달일 때 아래 그림처럼 태양-달-지구가 직각삼각형의 위치에 놓일 것으로 생각했다. 그는 태양-지구를 잇는 직선과 지구-달을 이은 직선의 교차 각도를 87°로 측정한 후 지구~태양의 거리가 지구~달 거리의 열아홉 배인 것으로 계산했다. 지구에서 보는 태양과 달의 겉보기 크기는 거의 같으므로, 그는 태양이 달보다 열아홉 배 크다는 결론을 얻었다. 그리고 월식 때 달에 비친 지구 그림자 크기와 월식의 진행 시간 등을 고려하여 달의 지름이 지구 지름의 약 3분의 1 정도라고 보았다. 그렇게 되면 태양은 지구보다 약 일곱 배 정도 큰 셈이다.*

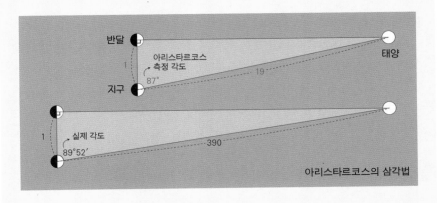

아리스타르코스의 삼각법

오차는 있지만, 태양이 지구보다 훨씬 크다는 사실을 알게 된 그는 태양을 중심으로 지구가 돌아야 마땅하다고 생각했다. 예리한 과학적 사고를 통해 진실을 꿰뚫어본 것이다.

---

* 실제 교차 각도는 89° 52′이고, 지구~태양까지의 거리는 지구~달 거리의 약 390배다. 태양의 실제 지름 크기는 지구의 109배다.

과학으로 한걸음 더 점성술의 별자리는 그대로 있을까?

학문을 가리키는 용어에는 '-ology'가 접미사로 흔히 붙는다. 지질학은 geology, 기상학은 meteorology, 생물학은 biology, 동물학은 zoology, 신학은 theology…. 그런데 천문학은 astronomy다. 왜 그럴까? 그 이유는 astrology라는 단어를 점성술이 선점했기 때문이다. 그러니까 천문학은 점성술에서 비롯된 학문이라고 할 수 있다. 과거의 천문학자들은 점성술사를 겸한 경우가 많았는데, 티코 브라헤^{Tycho Brahe, 1546~1601} 같은 유명한 천문학자도 호화로운 마차를 타고 왕궁을 드나들면서 왕족과 귀족들의 별점을 봐준 것으로 전해진다.

"생일이 3월 21일부터 4월 19일 중간에 있다면, 양자리에 해당합니다. 올해 운수대통이십니다!"

점성학에서 쓰는 별자리는 '황도 12궁'과 같다. 황도^{黃道, ecliptic}는 지구 공전에 의해서 나타나는 태양의 겉보기운동 궤도를 말한다. 태양은 별자리 사이를 서에서 동으로 1일에 약 1° 이동하는 것처럼 보인다. 양자리는 태양이 4월 20일부터 5월 20까지의 기간 동안 지나가는 길목에 있다. 그런데 점성술에서는 양자리가 3월 21일부터 4월 19일까지에 해당하는 것으로 간주하여 실제 천문 현상과는 한 달 차이가 난다.

즉, 3월 21일부터 4월 20일 사이에는 태양이 물고기자리 앞을 지나는데 어찌하여 점성술에서는 양자리라고 했을까? 그 이유는 점성술의 기본 틀이 적어도 2500년 전에 만들어졌기 때문이다. 그때는 3월 21일부터 태양이 양자리를 지났던 것이 틀림없다. 그렇다면 어떤 천문 현상에 의해서 그처럼 별자리의 위치가 달라졌을까? 은하가 회전하면서 별들의 공간 위치가 이동한 것이 아닐까?

은하가 회전해서 별들이 이동한 것은 사실이다. 태양의 경우도 초속 220km의 엄청난 속력으로 은하 주위를 회전하고 있다. 그런데 그처럼 빨리 움직여도

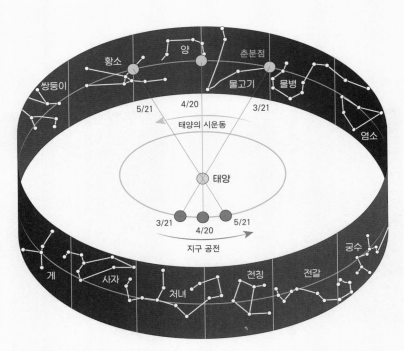

황도: 지구 공전에 의해 나타나는 태양의 겉보기 시운동 궤도,
태양은 별자리 사이를 서에서 동 방향으로 1일에 약 1°이동한다.
황도 12궁: 황도 근처에 있는 12개의 별자리

실제 별자리의 모습이 심하게 변하려면 최소 몇만 년은 걸린다. 북두칠성도 별의 공간 운동으로 심하게 찌그러진 국자 모양이 되려면 5만 년은 걸리는 것으로 계산된다. 그러므로 겨우 2000년 정도의 시간에 태양 위치가 양자리에서 물고기자리로 변하는 현상은 별들의 공간 운동으로 설명할 수 없다.

"나 히파르코스는 그 이유를 알고 있소. 그 이유는 춘분점이 72년에 1°씩 서쪽으로 이동하기 때문이라오."

별들의 밝기를 처음 6등성으로 구분했던 히파르코스^{Hipparchos, B.C.190~B.C.120}는 춘분점이 이동하는 현상을 최초로 발견한 사람이다.

춘분점은 천구 적도와 황도의 교차점으로 황도를 따라 움직이는 태양이 3월 21일경에 위치하는 점이다. 그런데 춘분점은 왜 이동할까? 그것은 지구의 자전축이 상모돌리기를 하듯이 회전하기 때문인데, 이러한 운동을 세차운동이라고 한다.

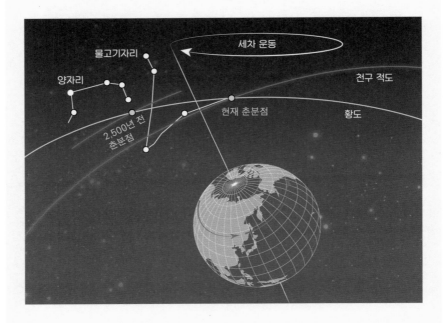

세차운동의 주기는 약 26,000년이다. 따라서 13,000년 후에는 지구의 자전축 방향이 북극성이 아닌 직녀성 쪽을 가리키게 된다. 천구 적도 또한 반대 방향으로 기울어지므로 밤하늘에 보이는 별자리의 위치도 크게 달라 보이고, 계절 또한 여름과 겨울이 뒤바뀌게 된다. 따라서 13,000년 후에는 화이트 크리스마스를 즐기려면 아프리카, 남미, 호주 등 남반구의 나라로 여행을 가야 할 것이다.

세차운동으로 별자리 위치가 계속 바뀌니 2500년 전 바빌로니아에서 유래했다고 알려진 별자리 운세 보기도 시대에 맞게 바꾸어야 할 듯싶다.

과학으로 한걸음 더 별의 개수를 어떻게 셀까?

밤하늘에 보이는 별이 몇 개나 되는지를 헤아리는 일은 가능할까? 서울 같은 대도시에서는 별이 몇 개나 보이는지 따질 필요가 없다. 공해公害와 광해光害; 빛의 공해로 보이는 별의 개수가 매우 한정적이고 희미해서 실망할 테니까.

대기가 맑고 전깃불의 방해를 받지 않는 시골에서 밤하늘을 보면 탄성이 절로 나온다. 초롱초롱 빛나는 별들은 손을 내밀면 잡힐 듯하다. 밤하늘에 보이는 별의 개수는 6000개 정도인 것으로 알려져 있다. 그런데 그 숫자는 하늘의 북반구와 남반구에 보이는 별의 수를 합친 것이므로, 북반구에 사는 우리가 하룻밤에 볼 수 있는 숫자는 3000개 정도다. 그러나 3000개는 공기가 깨끗하고 맑을 때 천문관측 전문가의 눈에만 보이는 숫자다. 별 관측에 익숙하지 않은 일반인의 눈에 6등성은 잘 보이지 않는다. 6등성은 1등성에 비해서 밝기가 100분의 1밖에 안 된다. 그래서 별이 1000개 쯤 보인다면 매우 훌륭한 시력을 가진 것이다. 그렇다고 1000개를 일일이 세다간 날이 새고 말 거다.

별을 세는 방법은 광화문 촛불 군중의 인원을 추산하는 것과 비슷하다. 동서남북 골고루 하늘 일부를 관측한 후 한 지역에 평균 몇 개의 별이 있는지를 파악하고, 하늘 전체 면적과 비교하여 별의 개수를 구한다.

어떤 구역의 넓이가 하늘 전체 면적과 비교하면 얼마나 되는지는 원과 구의 면적 공식을 배운 사람이면 손쉽게 할 수 있다.

- 반지름 R인 원의 면적은 πR^2
- 반지름 r인 구의 표면적은 $4\pi r^2$

종이 한 장을 원통형으로 둥글고 길게 말아서 구멍에 눈을 대고 밤하늘을 쳐다본다. 그 구멍으로 몇 개의 별이 보이는가? 세 개? 몸의 방향을 돌려 다른 구역을 본다. 몇 개가 보이나? 네 개? 같은 방식으로 몇 번을 거듭하여 평균치를 구했더니 n개였다고 해보자. 현재 하늘에 보이는 별의 총 개수는 몇 개일까?

계산에 필요한 것은 원통 구멍의 면적과 하늘의 면적이다. 원통 구멍의 반지름을 R이라고 하면, 원통 구멍의 면적은 πR^2이다. 그러면 전체 하늘의 면적은 얼마일까? 지평선 위로 보이는 하늘은 반구형이다. 반구는 구의 절반이니까, 반구의 표면적은 $4\pi r^2 \times \dfrac{1}{2} = 2\pi r^2$이다. 그러면 별의 개수는 다음과 같다.

$$\frac{\text{하늘 반구의 면적}}{\text{원통 구멍의 면적}} \times n = \frac{2\pi r^2}{\pi R^2} \times n = 2n\left(\frac{r}{R}\right)^2$$

여기에서 하늘의 반지름 r은 원통의 길이에 해당한다. 원통의 길이 r은 몇 cm가 되든지 상관이 없다. 왜냐하면 r이 길어지면 구멍으로 보이는 하늘의 면적이 작아지므로 보이는 별의 개수 n이 줄어들고, r이 짧아지면 구멍으로 보이는 하늘의 면적이 넓어져서 보이는 별의 개수 n이 늘어나기 때문이다. 그러므로 $2n\left(\dfrac{r}{R}\right)^2$ 식으로 밤하늘에 보이는 별의 개수를 대략 알 수 있다.

만약, 반지름이 3cm이고 길이가 30cm인 원통으로 밤하늘을 관측했을 때 평균 네 개의 별이 관측되었다면, 하늘 전체에 보이는 별의 개수는 $2n\left(\dfrac{r}{R}\right)^2 = 2\times4\times\left(\dfrac{30}{3}\right)^2 = 800$(개) 가 된다.

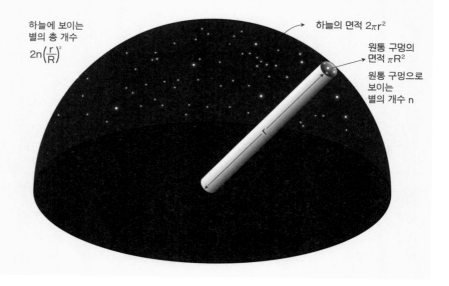

하늘에 보이는
별의 총 개수
$2n\left(\dfrac{r}{R}\right)^2$

하늘의 면적 $2\pi r^2$

원통 구멍의
면적 πR^2

원통 구멍으로
보이는
별의 개수 n

지구가 움직인다는 걸 어떻게 알아냈을까?

행성의 역행 현상을 천동설은 어떻게 해석하는가?

행성行星과 항성恒星은 발음이 비슷해 헷갈리기 쉽다. 그러나 행성과 항성은 둥글다는 것 빼고는 완전히 다른 천체다. 항성은 태양처럼 스스로 빛을 방출하는 거대한 천체고, 행성은 그 주위를 공전하는 작은 천체다. 행성을 떠돌이별, 항성을 붙박이별fixed star이라고 기억하거나, 영어로 planet행성, star항성라고 연상하면 기억하기가 좋다. 일본에서는 행성이라는 말 대신 혹성惑星이라는 용어를 쓴다. 〈혹성 탈출원제: Planet of the apes, 원숭이 행성〉이라는 영화 제목은 일본식 번역이다.

우리가 맨눈으로 볼 수 있는 행성은 수성, 금성, 화성, 목성, 토성, 다섯 개로 예로부터 오행五行이라 불렸다. 천왕성과 해왕성은 태양계의 행성이지만 맨눈으로는 보이지 않고 망원경이 있어야 관측할 수 있다.

밤하늘에서 행성의 위치는 정해져 있지 않다. 다만 태양계 행성들은 레코드판처럼 거의 같은 평면 위에서 공전하기 때문에 황도 근처에서 배회하는 것으로 관측된다. 어떤 날 행성의 위치를 알려면 스텔라리움stellarium 같은 별자리 관측 인터넷 프로그램을 이용하면 초보자도 쉽게 찾을 수 있다.

태양계 행성은 한동네 가족이므로 멀리 있는 항성보다 훨씬 밝게 보인다. 금성의 최대 밝기 겉보기등급은 -4.4, 목성은 -2.9, 화성은 -2.8, 수성은 -1.9, 토성은 -0.24다. 항성 중에서 가장 밝은 시리우스가 -1.44인 것에 비하면 행성들은 보통 별들보다 수십 배 이상 밝다.

　천체의 밝기를 나타내는 등급은 작을수록 밝은데, 1등급 작아질 때마다 약 2.5배씩 밝아진다. 5등성은 6등성보다 2.5배 밝고, 4등성은 5등성보다 2.5배 밝고, 3등성은 4등성보다 2.5배 밝고, 2등성은 3등성보다 2.5배 밝고, 1등성은 2등성보다 2.5배 밝고… 계속해서 곱하면 1등성은 6등성보다 2.5×2.5×2.5×2.5×2.5=100배 밝다. 금성이 −4등급일 때는 1등성보다 100배 밝다. 그래서 금성은 하늘이 훤한 이른 아침이나 저녁에도 반짝반짝 빛난다.

　행성 마니아 중에는 행성이 가장 밝아질 때를 기다렸다가 몽골처럼 대기가 맑은 나라로 관측 여행을 떠나는 사람도 있다. 행성이 가장 밝아지는 때는 언제일까?

　〈그림 6-6〉은 지구에서 관측한 화성의 이동 경로다. 그림에서는 오른쪽이 서쪽, 왼쪽이 동쪽이다.

　화성은 10월 28일에 사자자리^{leo}의 레굴루스^{regulus} 서쪽에 모습을 나타내더니 빠른 속도로 레굴루스를 지나쳐 처녀자리^{virgo}를 향해 이동했다. 새해 1월 23일 화성은 처녀자리 근처까지 왔는데 주춤주춤 머뭇거린다. 레굴루스가 다시 보고 싶어졌을까? 화성은 후진 기어를 넣고 다시 서쪽으로 되돌아가기 시작했다. 후진하느라 그런지 이동 속도가 느리다. 레굴루스를 지나쳐 올 때는 2개월 만에 온 거리를, 돌아가는 데는 거의 3개월이 걸렸다. 그렇지만 후진하는 동안 화성의 밝기는 최대에 이른다. 행성 마니아들은 이때를 화성 관찰의 최적 시기로 꼽는다. 이윽고 4월 중순, 레굴루스 근처까지 되돌아간 화성은 또 머뭇거린다.

　"역행은 이제 그만, 순리를 따라 순행해야 해."

　화성은 미련을 떨치고 유턴하여 동쪽에 있는 처녀자리를 향해 도망치듯 빠르게 이동한다. 이별의 슬픔 때문인지 화성의 밝기는 점점 어두워진다.

〈그림 6-6〉 화성의 떠돌이 운동

　화성이 서에서 동쪽으로 이동하는 현상을 '순행順行'이라 하고, 유턴하여 동에서 서로 이동하는 현상을 '역행逆行'이라고 한다. 역행할 때는 이동 속도가 느리지만 밝고 크게 빛난다. 이러한 현상은 화성뿐만이 아니라 목성, 토성 같은 외행성에서도 나타난다. 망원경으로 보면 천왕성과 해왕성도 같다. 이러한 현상에 대해서 천동설은 어떻게 해석했을까?

　행성의 순행과 역행에 대해서 지구중심설천동설의 대표 학자인 프톨레마이오스는 이심원과 주전원을 도입하여 설명했다.

　그의 설명에 따르면, 지구는 이심원의 중심에서 떨어진 곳에 있다. 행성은 이심원을 따라 공전하면서 동시에 자전거 바퀴가 굴러가듯이 주전원을 따라 빙글빙글 돌면서 이동한다. 주전원은 행성의 역행 현상을 설명하기 위해서 고안된 장치다. 주전원에서 행성의 회전 방향이 이심원의 회전 방향과 일치할 때는 속도가 더해지므로 화성이 빠른 속도로 순행한다. 그렇지만 화성의 이심원 회전 방향과 주전원의 회전 방향이 반대되는 안쪽 궤도에서는 화성이 역행하는데 속도는 순행 때보다 느려진다. 또한 화성은 이심원을 돌고 있으므로 지구와 화성의 거리는 일정하지 않고, 화성의 이동 속도도 조금씩 달라진다.

프톨레마이오스의 저서《알마게스트》는 10여 권 분량인데, 그 책에는 행성 운동에 관한 복잡한 원이 수십 개나 나온다. 천동설은 그만큼 복잡한 설명인 것이다. 이는 사실이 아닌 현상을 꿰맞추어 해석하느라 각본에 각본이 더해져서 그처럼 분량이 많아진 것이라고 할 수 있다. 그렇지만 화성 같은 행성의 운동을 매우 정교하고 그럴듯하게 설명했기 때문에 17세기까지 천문학 교과서로 널리 쓰였다.

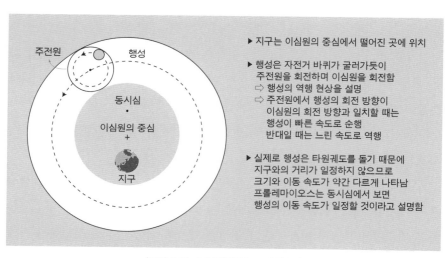

▶ 지구는 이심원의 중심에서 떨어진 곳에 위치

▶ 행성은 자전거 바퀴가 굴러가듯이
주전원을 회전하며 이심원을 회전함
⇨ 행성의 역행 현상을 설명
⇨ 주전원에서 행성의 회전 방향이
이심원의 회전 방향과 일치할 때는
행성이 빠른 속도로 순행
반대일 때는 느린 속도로 역행

▶ 실제로 행성은 타원궤도를 돌기 때문에
지구와의 거리가 일정하지 않으므로
크기와 이동 속도가 약간 다르게 나타남
프톨레마이오스는 동시심에서 보면
행성의 이동 속도가 일정할 것이라고 설명함

〈그림 6-7〉 프톨레마이오스의 천동설

천동설의 역행 현상, 실제로는 어떤 운동인가?

지구를 비롯한 행성들이 태양을 중심으로 회전하고 있다는 태양중심설 지동설을 기술한 책《천구의 회전에 관하여De revolutionibus orbium coelestium, 라틴어》는 폴란드의 천문학자 코페르니쿠스Nicolaus Copernicus, 1473~1543가 병들어 죽기 직전인 1543년에 정식으로 출간되었다.

태양을 중심으로 수성, 금성, 지구, 화성, 목성, 토성이 회전하는 형태의 태양중심설은 그 모습이 너무도 간명했다. 과학자들은 간단한 수식이나 형태를 '아름답다'고 표현한다. 그런 점에서 코페르니쿠스의 태양 중심 모델은 기막히게 아름다웠다.

태양중심설 모형에서는 화성의 순행과 역행 현상이 어떻게 설명될까? 간단하다. 안쪽 트랙을 도는 지구와 바깥쪽 트랙을 도는 화성의 공전 속도 차이에 의해서 그 위치가 시시각각 달라 보이는 것뿐이다.

〈그림 6-9〉에서 지구가 1, 2, 3, …으로 진행하는 동안 화성의 실제 위치

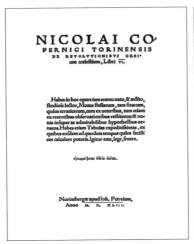

〈그림 6-8〉 코페르니쿠스의《천구의 회전에 관하여》

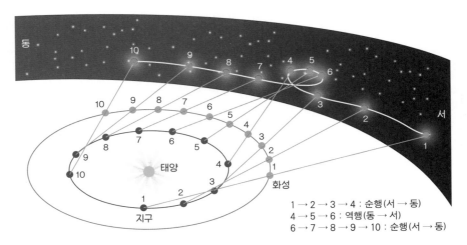

동

서

10 9 8 7 4 5 6

10 9 8 7 6 5 4 3 2 1

태양

화성

8 7 6 5 4 9 3 2 10 1

지구

1 → 2 → 3 → 4 : 순행(서 → 동)
4 → 5 → 6 : 역행(동 → 서)
6 → 7 → 8 → 9 → 10 : 순행(서 → 동)

〈그림 6-9〉 화성의 시운동

도 1, 2, 3, …으로 변한다. 지구에서는 천구에 투영된 화성의 위치를 보는 것이다. 4, 5, 6처럼 지구와 화성이 근접했을 때는 지구가 화성을 추월하여 앞서 가기 때문에 천구에 투영된 화성의 위치는 뒤로 물러나는 것처럼 보인다. 바로 이때가 역행이 일어나는 시기다. 역행하는 시기에는 화성이 지구에 근접했기 때문에 매우 밝고 크게 관측된다. 이런 현상은 목성, 토성을 볼 때도 마찬가지 결과로 나타난다. 금성이나 수성처럼 지구보다 안쪽 궤도에 있는 내행성의 경우는 화성에서 지구를 관측하는 것처럼 처지를 바꾸면 된다. 그래도 역시 내행성과 지구가 가까이 근접했을 때 역행하는 것으로 나타난다. 그렇지만 금성과 수성이 역행할 때는 태양과 같은 방향에 놓이게 되므로 맨눈으로 관측하기 어렵다.

갈릴레이는 코페르니쿠스의 지동설을 어떻게 입증했는가?

코페르니쿠스가 70세의 나이로 사망하고 20년이 흐른 후 태어난 이탈리아의 갈릴레오 갈릴레이Galileo Galilei, 1564~1642는 1609년 자신이 제작한 망원경을 가지고 천동설이 틀렸음을 입증하는 증거들을 발견했다. 그는 망원경으로 태양의 흑점을 관찰하고, 달 표면이 울퉁불퉁한 지형임을 알아내서 천체가 완전한 구의 형태가 아니라는 것을 알아냈다.

"현자 아리스토텔레스께서 천상의 세계는 완전하다고 했는데 아니란 말이오? 거 참, 믿을 수가 없네…."

사람들은 적이 놀랐으나 이건 시작에 불과했다. 갈릴레이는 목성의 주위를 위성들이 돌고 있다는 사실을 알아냈다. 그가 발견한 목성의 위성은 이오, 유로파, 칼리스토, 가니메데로 흔히 갈릴레이 4대 위성이라고 불린다. 모든 천체가 지구를 중심으로 돌고 있다는 천동설이 틀렸다는 증거였다.

그런데 갈릴레이가 발견한 위성의 존재를 인정하지 않는 사람도 많았다.

"망원경이라는 도구를 어찌 믿겠소? 멀리 있는 것을 보면 허상이 보이는 거 아니오? 이상한 소리를 하는 당신을 교회가 그냥 둘 것 같소? 몸조심하시오!"

갈릴레이는 결정적으로 금성의 위상 변화를 관측하여 금성이 태양 주위를 돌고 있다는 확실한 증거를 찾았다. 금성의 위상은 달의 경우처럼 보름달, 상현달, 초승달, 삭, 그믐달, 하현달 등으로 그 모양이 변할 뿐 아니라, 시지름의 크기도 차이가 컸다.

〈그림 6-10〉은 금성의 위상 변화를 나타낸다. 금성의 위상 비율지름에 대한 밝은 부분의 폭 길이이 작아질수록 시지름은 커지고, 위상 비율이 커질수록 시지름이 작아진다. 시지름이란, 금성의 실제 크기가 아니라 사진 촬영했을 때 나타나는 크기를 말한다. 여러 명이 함께 사진을 찍을 때 뒷줄에 서면 얼굴이 작게

〈그림 6-10〉 금성의 위상 변화

나오듯, 금성이 지구에서 멀어지면 금성의 시지름이 작게 나타난다. 물론 금성이 지구에 가까이 근접할 때는 시지름이 크게 나타난다. 금성의 보름달과 초승달의 시지름 길이를 비교하면, 초승달이 보름달의 다섯 배 정도 된다. 이는 금성이 지구에 근접했을 때 거리가 1이라면, 금성이 지구에서 멀어졌을 때의 거리가 5 이상이라는 정보가 된다.

또한 금성의 위상에서 보름달 모양이 나타나는 것은 프톨레마이오스의 천동설 이론으로는 설명되지 않는다. 프톨레마이오스의 지구 중심 모델에서는 금성과 수성이 태양과 지구를 연결한 직선의 중앙에서 주전원 운동을 하는

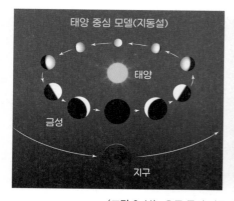
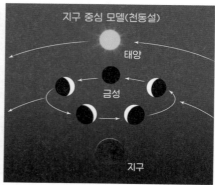

〈그림 6-11〉 우주 중심 이론에 따른 금성의 위상 변화 차이

것으로 묘사되었기 때문이다. 프톨레마이오스의 설명대로라면 지구에서는 반쪽짜리 금성의 모습만 보이게 된다. 〈그림 6-11〉은 코페르니쿠스의 태양 중심 모델과 프톨레마이오스의 지구 중심 모델을 비교한 것이다.

그런데, 금성의 위상 변화만 가지고는 코페르니쿠스의 지동설이 반드시 옳다고 장담할 수 없었다. 갈릴레이보다 앞서 정확한 관측 실력으로 이름을 떨치던 덴마크의 티코 브라헤^{Tycho Brahe, 1546~1601}가 새로운 천동설을 주장했기 때문이다. 브라헤는 수성, 금성, 화성, 목성, 토성이 태양을 중심으로 돌지만, 그 전체가 한 세트가 되어 지구 주위를 회전한다고 믿었다. 그는 코페르니쿠스의 지동설대로 지구가 태양 주위를 돈다면 다른 별들의 위치도 조금씩 변동되어 보이는 시차가 발생해야 한다고 생각했다.

〈그림 6-12〉는 별을 관측할 때 생기는 시차의 원리를 나타낸다.

별의 시차^{stellar parallax}에 의한 위치 변동은 1년 후에 제자리로 돌아오기 때문에 연주시차^{年周視差}라고도 한다. 단, 연주시차는 지구 공전궤도 양 끝에서 별을 보았을 때 생기는 각도의 2분의 1을 의미한다. 각도를 2분의 1로 잡은 이유는 지구~태양의 거리에 대응되는 각으로 나타내기 위해서다.

연주시차는 지구 공전의 증거다. 실제로 지구는 1AU의 거리에서 태양을 공전하므로 비교적 가까운 별들은 멀리 있는 별을 배경으로 그 위치가 달라진다. 브라헤도 이와 같은 예상을 하고 별의 연주시차를 측정하려고 했다. 그는 올빼미 같은 시력으로 매우 정밀하게 천체의 운동을 측정하는 당대 최고의 실력자였다. 그는 맨눈으로 10″^초ᵒ 정도의 작은 각을 측정할 수 있었으므로 어떤 별이든 연주시차가 나타나면 반드시 측정할 수 있다고 자신만만했다.

"나는 아주 작은 각도 잴 수 있어. 그런데 아무리 찾아봐도 연주시차가

ᵒ $1'' = \dfrac{1'}{60} = \dfrac{1°}{3600}$

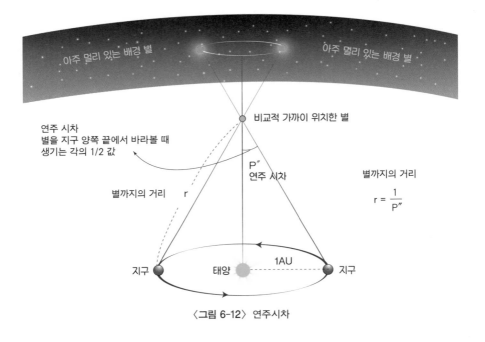

〈그림 6-12〉 연주시차

Within the figure:

아주 멀리 있는 배경 별

아주 멀리 있는 배경 별

비교적 가까이 위치한 별

연주 시차
별을 지구 양쪽 끝에서 바라볼 때
생기는 각의 1/2 값

P''
연주 시차

별까지의 거리   r

별까지의 거리

$r = \dfrac{1}{P''}$

지구   태양   1AU   지구

나타나는 별이 없네? 설마… 연주시차가 $10''$보다 작아서 그런 것일까? 아니지, 별들이 태양의 밝기와 비슷하다면 시차가 $10''$인 거리까지 멀어지면 별이 어두워서 보이지도 않을 거야. 결론은… 별의 연주시차가 나타나지 않는다! 고로 지구는 움직이지 않는다! 역시 천동설이 옳았어.”

브라헤의 생각은 오해였다. 실제로 지구에 가장 가까운 별인 알파 센타우리$^{a\ centauri}$조차도 연주시차가 $0.76''$밖에 안 된다. 그가 잘못된 가설을 세운 이유는 별들의 실제 밝기가 태양의 수백만 배에 해당하는 것도 많다는 것을 미처 생각하지 못했기 때문이다.

지구 공전의 가장 강력한 증거가 되는 연주시차는 브라헤가 죽고 200년이 훨씬 더 지난 후에야 독일의 천문학자 프리드리히 베셀$^{Friedrich\ Wilhelm\ Bessel,}$

1784~1846에 의해 최초로 발견된다. 1838년 베셀이 측정한 백조자리61 별의 연주시차는 약 0.3″였다.

연주시차의 크기와 별까지의 거리는 반비례한다. 그래서 천문학에서는 별까지의 거리를 연주시차의 역수로 나타내어 거리 개념을 만들었다. 단위는 pc 파섹, parsec이다.

$$r = \frac{1}{p''} \ (\text{r : 별까지의 거리, } p'' : \text{연주시차})$$

1pc은 지구~태양 거리의 206,265배나 되는 먼 거리이며, 빛의 속력으로 달려서 3.26년을 가야 한다. 즉, 1pc=3.26광년=206,265AU다.

과학으로 한걸음 더 ＝ **1pc=206,265AU로 환산되는 과정은?**

원을 360등분 하면 1°에 해당하는 각이 나온다. 1°를 60등분 하면 1′분의 각도가 되고, 1′을 다시 60등분하면 1″가 된다. 따라서 1°=60′=3600″의 관계가 된다.

1rad라디안, radian은 원에서 반지름과 같은 길이의 호를 그렸을 때 생기는 각을 말한다.

원둘레 길이 공식은 2πR이다.R은 원의 반지름, π는 원주율 3.14159265358979… 따라서 원을 360° 한 바퀴 회전하면 2πR의 길이를 진행한 것인데, 1rad에 대응하는 길이는 R이므로 1라디안이 ° 단위의 각도로는 얼마인지는 비례식으로 풀면 된다.

1rad에 해당하는 각을 $x°$라고 하면, $360° : 2\pi R = x° : R$이므로

$$x° = \frac{360°}{2\pi} = \frac{360°}{2 \times 3.1415926538979} \approx 57.2958° = 1\text{rad}$$이다.

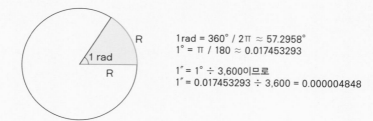

$$1\text{rad} = 360° / 2\pi \approx 57.2958°$$
$$1° = \pi / 180 \approx 0.017453293$$

$$1'' = 1° \div 3,600$$이므로,
$$1'' = 0.017453293 \div 3,600 = 0.000004848$$

57.2958°=1rad이므로, $1° = \dfrac{1}{57.2958}$ rad≈0.017453293이다.

라디안 각에는 단위가 붙지 않는다.

천문학에는 $''$ 단위 각도가 주로 사용되므로 $1''$ 각이 몇 rad에 해당하는지 계산해 두면 천문학에서의 여러 가지 물리량을 계산하는 데 도움이 된다. $1''$는 $1°$의 $\dfrac{1}{3600}$에 해당하므로 $1'' = 1° \times \dfrac{1}{3600} = 0.017453293 \times \dfrac{1}{3600} \approx 0.000004848$

이를 반지름과 호의 비율로 대응시키면, $1''$라는 각도는 반지름이 1일 때 호의 길이가 약 0.000004848이라는 의미가 된다.

그런데 $1 : 0.000004848 = 206,265 : 1$이므로, 호의 길이를 1이라고 설정하는 경우에는 반지름의 길이가 약 206,265가 된다.

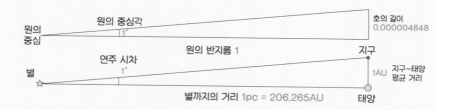

각도를 호의 길이로 바꾸는 방식을 호도법이라고 한다. 호도법은 연주시차를 측정하여 별까지의 거리를 알아내는 데 적용할 수 있다.

연주시차가 $1''$인 별까지의 거리는 얼마일까? 지구~태양의 거리 1AU를 호의 길이로 보면, 별까지의 거리는 206,265AU가 된다. 연주시차가 $1''$인 별까지의 거리를 1pc이라고 정의하므로, 1pc ≈ 206,265AU가 된다.

그런데 연주시차보다 100년 정도 앞서서 발견된 지구 공전의 증거가 있다. 1728년 영국의 천문학자 제임스 브래들리$^{James\ Bradley,\ 1693~1762}$가 발견한 광행차$^{Aberration\ of\ light}$ 현상이다. 브래들리는 3월에 관측한 별들을 9월에 다시 보기 위해 망원경을 같은 좌표로 조정했지만 별들이 모두 일정한 각도만큼 이동한 것을 발견했다. 지구 공전 방향의 수직 쪽에 있는 별의 경우 20.5″ 정도의 비교적 큰 각이었다. 그는 이것이 지구 공전 때문에 별빛이 기울어져서 나타난 현상이라고 생각했고 광행차 각도를 이용하여 빛의 속력을 측정했다. 이러한 현상은 우산을 쓰고 빗속을 뛰어갈 때 우산을 기울여야 하는 것과 같은 이치로 발생한다. 뛰는 속도로 인해 빗방울이 앞쪽에서 비스듬히 기울어진 상태로 떨어지는 것과 같은 효과가 발생하기 때문이다. 광행차 20.5″를 이용하면 지구의 공전 속도가 30^{km}/s임을 구할 수 있다.

　지구 공전의 또 다른 증거는 별빛의 스펙트럼 사진을 찍었을 때 나타나는 도플러 효과다. 일상에서 도플러 효과는 구급차 사이렌 소리를 듣고 느낄

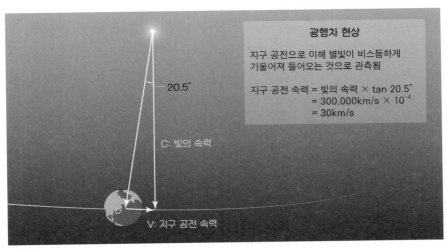

광행차 현상

지구 공전으로 이해 별빛이 비스듬하게
기울어져 들어오는 것으로 관측됨

지구 공전 속력 = 빛의 속력 × tan 20.5″
　　　　　　　 = 300,000km/s × 10^{-4}
　　　　　　　 = 30km/s

20.5″

C: 빛의 속력

V: 지구 공전 속력

〈그림 6-13〉 광행차 현상

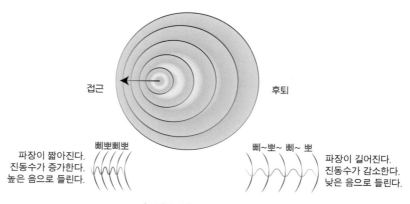

접근

후퇴

파장이 짧아진다.
진동수가 증가한다.
높은 음으로 들린다.

삐뽀삐뽀

삐~뽀~ 삐~ 뽀~

파장이 길어진다.
진동수가 감소한다.
낮은 음으로 들린다.

〈그림 6-14〉 도플러 효과

수 있다. 구급차가 다가올 때의 사이렌 소리는 삐뽀 삐뽀 높은 소리로 들리지만, 구급차가 멀어질 때의 사이렌 소리는 삐~뽀~ 삐~뽀~ 낮은 소리로 들린다. 이는 소리를 내는 장치와 사람이 가까워질 때는 소리의 파장이 짧아지고진동수 증가 멀어질 때는 소리의 파장이 길게진동수 감소 느껴지기 때문이다. 이러한 효과를 도플러 효과Doppler effect라고 하는데, 1842년 오스트리아의 크리스티안 도플러Christian Johann Doppler, 1803~1853가 발견했다.

도플러 효과는 음파뿐만이 아니라 빛에서도 나타난다. 지구가 별에서 멀어지는 방향으로 후퇴 공전할 때는 빛의 파장이 길어지고, 별에 다가가는 방향으로 접근 공전할 때에는 빛의 파장이 짧아지는 현상이 나타난다. 파장이 길어지거나 짧아지는 정도는 별빛의 스펙트럼을 촬영했을 때 나타나는 흡수선을 관찰하면 알 수 있다.

〈그림 6-15〉에서 A, C의 경우는 별빛에 대해 지구가 수직으로 이동 중이므로 흡수선의 이동이 매우 사소하지만, B의 경우는 별빛의 시선 방향으로 지구가 접근하는 중이므로 흡수선 파장이 짧은 청색 쪽으로 이동하고, D의

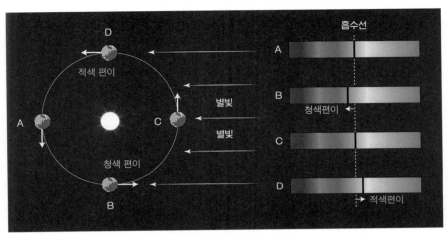

〈그림 6-15〉 별빛의 스펙트럼 변화

경우처럼 별빛의 시선 방향으로부터 지구가 후퇴하는 경우는 흡수선 파장이 긴 적색 쪽으로 이동한다. 스펙트럼의 흡수선이 청색 쪽으로 이동하면 청색편이blueshift, 청색 이동라고 하며, 스펙트럼의 흡수선이 적색 쪽으로 이동하면 적색편이redshift, 적색 이동라고 한다.

　　지구는 태양을 1년 주기로 공전하고 있으므로 별빛에 대해서 청색편이와 적색편이가 6개월 간격으로 나타난다. 따라서 별빛의 스펙트럼 변화는 지구 공전의 증거가 된다.

과학으로 한걸음 더 적색편이를 이용한 천체의 이동 속도 측정

천체의 스펙트럼 흡수선 관찰에서 적색편이는 다음과 같이 정의한다.

$$z(적색편이) = \frac{\lambda'(관측된\ 파장) - \lambda(정지\ 상태에서의\ 원래\ 파장)}{\lambda(정지\ 상태에서의\ 원래\ 파장)}$$

적색편이와 천체의 후퇴 속도^{멀어지는 속도}는 비례관계에 있으므로 다음과 같은 근사식이 성립한다.

$$z(적색편이) = \frac{v(후퇴\ 속도)}{c(광속)}$$

위 두 식을 이용하면 어떤 천체가 우리로부터 얼마나 빠른 속도로 멀어지는 지 또는 가까워지는지를 계산할 수 있다. 양의 값이면 후퇴 속도이고, 음의 값이 나오면 접근 속도다.

예를 들어, 어떤 별이 정지된 상태에서 흡수선의 원래 파장이 3951Å인데, 관측된 흡수선의 파장이 3955Å이었다면,

$$적색편이\ z = \frac{3955-3951}{3951} = \frac{4}{3951} ≒ 0.001$$

$$따라서\ 0.001 \approx \frac{v(후퇴\ 속도)}{c(광속)}\ 이므로,$$

v(후퇴 속도) $\approx$ 0.001×300,000km/s=300km/s가 된다.

적색편이 근사식은 후퇴 속도가 빠르지 않은 경우에 쓸 수 있다.

우리에게서 매우 멀리 있는 은하들은 광속에 가까운 속도로 멀어지므로 과학자들은 특수상대성이론의 시간 지연 현상을 고려하여 로렌츠 인자^{r}가 들어간 공식 $\{1+z=(1+\frac{v}{c})r\}$을 사용하며, 블랙홀 주변처럼 특별한 시공간이나 우주 팽창 등에 의한 적색편이는 더욱 복잡한 공식을 사용한다.

달도 증명하는 지구의 자전과 공전

달이 뜨는 시각은 장돌뱅이도 안다

"봉평 장에서 한 번이나 흐뭇하게 사본 일 있을까. 내일 대화 장에서가 한몫 벌어야겠네."

"오늘 밤은 밤을 새서 걸어야 될 걸?"

"달이 뜨렷다?"

(중략)

산허리는 온통 메밀밭이어서 피기 시작한 꽃이 소금을 뿌린 듯이 흐뭇한 달빛에 숨이 막힐 지경이다.

_이효석의 《메밀꽃 필 무렵》 중에서

장돌뱅이인 허 생원은 달이 뜨고 지는 시각을 안다. 보름달은 밤새도록 밤길을 밝혀준다는 것도 익히 안다. 전깃불이 없는 밤길에 보름달을 벗 삼아 걸으면 달빛이 얼마나 환한지도….

보름달은 해 질 무렵 동쪽 지평선에서 떠오르고, 동틀 무렵 서쪽 지평선으로 진다. 그렇다면 반달은 언제 뜨고 질까? 초승달이나 그믐달은 어떨까?

태양은 평균 열두 시간 지평선 위에 떠 있다. 그런데 달은 지평선 위에 평균 열두 시간 하고도 25분 떠 있다. 달이 지구의 자전 방향과 같은 방향으로 공전하기 때문이다. 달이 하루에 공전하는 각도는 약 13°다. 그러나 태양이 뜨면 눈부신 햇살이 온 누리를 장악하기 때문에 달이 하늘에 떠 있더라도 존재감이 거의 드러나지 않는다. 아침에 태양의 뒤꽁무니를 따라 뜬 초승달은 애석하게도 석양이 진 연후에야 모습을 보여준다.

상현달의 경우, 저녁에 해가 지면 남쪽 하늘 중천에서 반달의 모습을 환하게 드러낸다. 상현달은 이미 떠 있었던 것이다. 그래서 낮에 상현달이 보이는 경우도 종종 있다. 〈그림 6-16〉은 상현달이 낮 12시 정오 무렵에 동쪽 지평선에서 뜨기 시작하여 저녁에 남중하는 모습을 나타낸 것이다. 지구는 쉬지 않고 자전하므로 상현달은 밤 12시 자정 무렵에 서쪽 지평선 아래로 모습을 감추게 된다.

하현달의 경우는 상현달과 반대로 자정인 밤 12시경에 떠서 낮 12시경에 진다. 그래서 먼동이 튼 아침에도 상현달은 서쪽 하늘에 보인다.

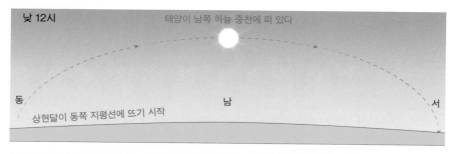

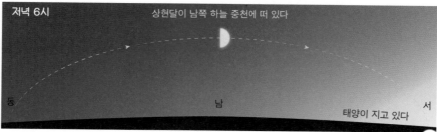

〈그림 6-16〉 상현달의 이동

그믐달은 태양보다 약간 앞서 뜬다. 그래서 새벽에만 그믐달을 볼 수 있다.

달은 위상이 클수록 밤에 볼 수 있는 시간이 길어진다. 당연히 보름달은 밤새도록 볼 수 있고, 반달은 밤의 절반 동안만 볼 수 있다. 초승달은 초저녁에 한두 시간, 그믐달은 새벽에 한두 시간을 볼 수 있다. 이 같은 현상은 태양의 위치에 따라 하루의 시각이 결정되고, 달의 위치가 태양의 어느 방향에 있느냐에 따라서 위상이 결정되기 때문에 생긴다. 〈그림 6-17〉은 지구의 시각과 달의 위치를 나타낸 것이다.

삭朔, new moon은 음력 초하루다. 이날은 달이 태양과 같은 방향에 있어서 달구경은 포기해야 한다.

음력 3~4일경의 초승달은 미끄럼을 타고 싶을 정도로 날씬하다. 눈썹달, 손톱달이라는 별명으로 불리기도 한다. 앞서 설명한 바와 같이 초저녁에 보이

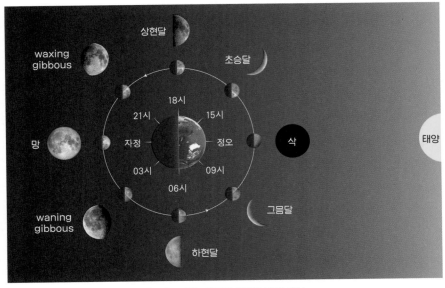

〈그림 6-17〉 지구의 시각과 달의 위상

다가 이내 태양을 뒤따라서 지평선 아래로 숨어버리는 달이다. 초승달을 영어로는 crescent라고 하는데 sickle moon^{낫 모양의 달}이라는 좀 살벌한 별명도 가지고 있다.

상현달은 지구 주위를 4분의 1바퀴 회전했을 때 나타나므로 영어로 first quater라고 한다. 상현달 날짜는 음력 7~8일에 해당하며, 달이 태양과 수직이 되는 위치에 있으므로 오후 6시 쯤 정남 방향에 보인다.

상현이 지나면 달이 점점 차오르는데, 상현보다는 둥글지만 보름달처럼 완전히 둥글지는 않을 때 영어로 waxing gibbous라고 묘사한다. '커지고 있는 볼록이'라고나 할까?

음력 15~16일에는 꽉 찬 보름달이 된다. 한자어로는 망^望, 보름, 영어로는 full moon이다. 태양과 180° 반대쪽에 있어서 태양이 지면 뜨고, 태양이 뜨면 지게 되므로 밤새도록 볼 수 있다. 추석이나 정월대보름이 명절이 된 이유 중에는 보름달이 뜬다는 것도 상당히 중요한 역할을 했을 것이다.

보름달이 이지러지기 시작하면 달이 뜨는 시각도 점점 심야로 늦춰진다. 달의 오른편이 이지러진 달을 영어로 waning gibbous라고 하는데 '야위어 가는 볼록이' 정도로 해석할 수 있다.

음력 23~24일이 되면 달은 왼쪽 절반만 밝은 하현달이 된다. 하현달은 영어로 last quater라는 표현을 쓴다. 마지막 4분의 1바퀴를 돌면 음력 한 달 여정이 끝나기 때문이다. 하현달은 자정에 뜨기 시작하여 다음 날 정오에 지므로 좀 쓸쓸한 느낌을 준다.

음력의 한 달이 끝나가는 28~29일경에는 새벽에 그믐달이 뜬다. 쓸쓸하다 못해 슬퍼서인지 눈을 감고 상념에 잠긴 듯이 보이는 것이 그믐달이다. 그믐달을 영어로는 the old moon이라고 하는데, 아침에 해가 뜨면 창백하게 보이므로 pale crescent라는 표현도 쓴다. 그러나 그믐달은 곧 삭을 지나 다시 초승달로 새롭게 태어날 것이다.

달이 지구 주위를 389° 돌아야 음력 한 달이 된다

달의 공전주기는 27.3일인데, 달 모양에 따른 삭망 주기는 29.5일이다. 왜
그럴까? 그 이유는 달이 지구 주위를 한 달 동안 공전하는 시간에, 지구도 태
양을 공전하기 때문이다. 지구는 태양 둘레를 하루에 약 1° 공전하니까, 한 달
이면 30° 정도 이동한다. 결국 태양과 일렬로 서는 삭이 되려면 달도 지구가 공
전한 각도만큼 더 공전해야 처음과 같은 위치가 된다.

〈그림 6-18〉은 태양, 지구, 달의 실제 거리의 비율에 기초하여 축소한 그
림이다.*

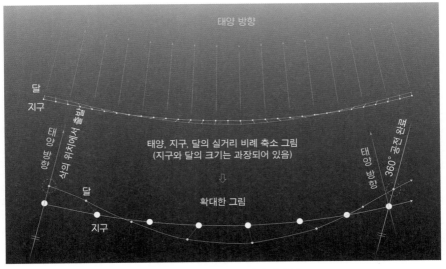

〈그림 6-18〉 지구와 달의 공전 운동

---

* 지구와 달의 크기는 실제 비율로 줄이면 먼지처럼 작아지므로 과장된 크기로 나타냈다.

태양-달-지구가 일직선이 된 삭의 위치에서 지구를 따라가며 공전하는 달은 27.3일이 지나면 처음 출발했던 포지션으로 돌아온다. 그러나 아직 태양-달-지구의 위치는 일직선이 아니다. 지구가 태양에 대해 이동한 각도만큼 서로의 상대 위치가 어긋나버렸기 때문이다. 그러므로 달이 태양과 일직선 방향에 놓이려면 2.2일을 더 공전해야 한다. 따라서 삭망주기는 29.5일^{27.3일+2.2일}이 되며, 달이 지구 주위를 회전한 총 각도는 약 389°다. 이것이 음력의 한 달이다.

우리나라는 예로부터 음력^{태음력}과 양력^{태양력}을 동시에 활용했다. 달력도 시계도 없던 시절, 달의 삭망주기에 맞추어 한 달을 정하니 백성들이 날짜를 알기 쉽다는 장점이 있었다. 그렇지만 열두 달 곱하기 29.5일을 하면 354일이 지나고 새해 설날이 된다. 이는 태양력에 비해서 11일 정도 부족한 날짜이므로, 계절이 잘 맞지 않게 된다. 작년과 같은 시기인데 날씨가 더 추워지고, 그 때문에 볍씨 뿌릴 날을 정하기도 어렵다. 또 더위를 피해 휴가 갈 날을 정하는 일 등 꼬이는 일이 한둘이 아니다. 그래서 선조들은 태양을 관측하여 24절기를 만들고 이를 농사를 비롯한 산업 전반에 적용했다. 24절기는 입춘^{立春}에서 시작하여 대한^{大寒}으로 끝나는데 절기의 간격은 약 15일이다.

그런데 음력과 양력을 동시에 사용하다 보면 3년 후 33일^{3년×11일/년}의 격차가 생긴다. 격차가 생기거나 말거나 그냥 내버려 두면 15년 후에는 망측하게도 한여름에 새해가 바뀌고 떡국을 먹어야 하는 일이 생긴다. 이건 너무 괴상하다. 그래서 선조들은 19년에 일곱 번의 윤달을 집어넣어 태양력과 비슷하게 조정했는데, 이를 '19년 7윤법'^{장법, 章法, 메톤 주기, metonic cycle}이라고 한다. 그래서 어떤 해는 13달이 1년이 된다.

그럼, 윤달에 태어난 사람의 음력 생일 미역국은 언제 먹을까?

예로부터 윤달은 공짜로 생긴 달이라 인간에게 간섭할 귀신도 없다고 하여 궂은일을 처리하는 풍습이 있었다. 이사 또는 집수리를 하거나 묘를 이장하는 것이다. 그래서 윤달에 태어난 사람도 생일처럼 좋은 일은 평달에 챙겨주는 풍습이 있다.

지구에서 보는 달은 왜 항상 똑같을까?

달의 밝은 부분은 고지대고 칼슘이 많은 사장석이 풍부한 암석으로 되어 있어서 희게 빛난다. 달의 어두운 부분은 현무암질의 용암이 흘러나와 퍼진 용암대지로 달의 바다라고 불린다. 그런데 왜 달은 지구에서보면 항상 같은 쪽만 보일까?

바로 달의 자전주기와 공전주기가 똑같기 때문이다. 그런데 어떻게 자전주기와 공전주기가 일치하게 되었을까? 우연이라 하기에는 참 놀랍지 않은가?

달의 자전주기와 공전주기가 27.3일로 같은 것은 사실이다. 이런 현상을 동주기 자전이라고 한다. 그렇지만 이는 우연의 일치가 아니라 지구의 중력에 붙잡힌 달이 스스로 자전하지 못하기 때문에 빚어진 현상이다. 지구가 달의 멱살을 틀어쥐고 빙빙 돌리는 모습이라고 할까? 어른이 아이의 손을 잡고 빙빙 돌리는 장면이라고 할까? 아무튼 달은 지구의 중력에 붙들려서 스스로 자전하지 못하고 공전에 의해 불가피하게 자전하는 형편이 된 거다. 그래서 지구에서는 달의 앞면밖에 볼 수가 없는데, 달의 공전궤도가 지구의 공전궤도와 약 5° 어긋나 있어서 윗부분과 아랫부분 일부가 살짝 보일 때도 있으므로 달 표면의 59% 정도를 지구에서 관찰할 수 있다.

그런데 달 지도는 달 탐사선이 달의 뒤편으로 날아가 자세히 관찰하여 이미 오래전에 완성되었다. 달 탐사선이 촬영한 달의 뒷면은 짱구처럼 볼록하고 고지대가 더 많으며 운석 충돌의 흔적인 크레이터도 더 많았다.

지구에서 촬영한 달의 앞면
어두운 부분은 현무암의 용암 대지(달의 바다),
밝은 부분은 고지대

아폴로 16호가 찍은 달의 뒷면
고지대를 형성하고 있으며,
운석 충돌의 흔적이 앞면보다 훨씬 많다.

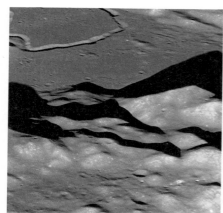

달의 용암대지

달의 운석 충돌 크레이터

〈그림 6-19〉 달의 사진

암석학자들은 달에서 가져온 월석과 지구 암석의 화학 성분을 비교한 후 달 형성 가설의 근거 자료를 찾았다. 최근 연구에 따르면 월석은 지구 암석보다 철 성분이 적고, 광물에 포함된 산소 성분도 약간 차이가 있다고 한다. 이러한 분석을 토대로 달이 원래부터 지구의 위성이 아니라, 지구 탄생 후 5000만 년 정도 지나서 원시 지구와 충돌한 행성 테이아^{Theia}가 달이 되었다는 설이 주목을 받고 있다.

원시 행성 테이아가 45° 정도의 빗각으로 지구와 충돌한 후 물질 교환이 이루어지고 떨어져 나간 뒤 식었다면 달의 앞면과 뒷면의 차이가 생길 가능성이 높다. 충돌 후 얼마간은 지구와의 거리가 현재보다 훨씬 가까웠을 것이고 따라서 테이아의 앞면과 뒷면의 식는 속도도 달랐을 것이다. 지구를 향한 앞면은 천천히 식었고, 뒷면은 빠르게 식었다고 추론하는 것이다. 그래서 달의 앞면은 지각의 두께가 얇고 현무암의 용암대지가 아주 널리 분포하며, 달의 뒷면은 두껍고 나이가 많은 사장석질의 암석으로 된 것이라고 해석한다.

과학은 과학적 개연성, 타당성, 합리성을 바탕으로 쓰는 시나리오와 같다. 모델을 설정하고 그에 맞는 증거들을 수집하며 처음 세운 시나리오를 조금씩 수정해나가는 것이 바로 과학인 것이다. 가설에 맞지 않는 결정적 사실이 나타나면 원래의 가설은 폐기한다. 그리고 새로운 가설을 다시 세운다. 과학은 수정에 수정을 거듭하는 학문이다. 그 과정에서 많은 사실이 발견되며 한 단계씩 높은 수준으로 발전한다.

일식이 월식보다 더 많이 일어나는 이유는?

일식^{日蝕, solar eclipse}은 달이 태양을 가릴 때 일어나고, 월식^{月蝕, lunar eclipse}은 달이 지구의 그림자 속으로 들어올 때 일어난다. 따라서 일식은 달의 위상

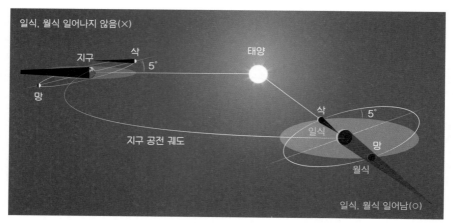

일식, 월식 일어나지 않음(✕)

지구

삭

5°

태양

망

삭

5°

일식

지구 공전 궤도

망

월식

일식, 월식 일어남(○)

〈그림 6-20〉 달 궤도면과 지구 공전궤도 면의 경사각

이 삭일 때 일어나고, 월식은 달의 위상이 망일 때 일어난다. 그런데 일식이나 월식이 삭이나 망일 때 항상 일어나지 않는 이유는 〈그림 6-20〉에 나타난 것처럼 지구 공전궤도면과 달의 공전궤도면이 약 5° 경사져 있기 때문이다.

지구에서 볼 때 태양이나 달의 겉보기 지름은 0.5°이므로, 5°의 경사각은 달이나 태양이 위아래로 열 개 정도는 들어갈 수 있는 넉넉한 공간각이다. 그래서 일식이나 월식이 평소에는 잘 일어나지 않고, 지구 공전궤도면과 달의 공전궤도면이 교차하는 선이 태양 쪽으로 향할 경우에만 일어난다. 그런 경우는 지구가 태양을 한 바퀴 공전하는 1년 동안에 2회 있다. 그렇지만 완전히 일치하지 않고 엇비슷한 경우에도 일어날 수 있으므로 일식은 1년에 보통 2~4회최대 5회, 월식은 2~3회 일어난다.

그런데 일식이 월식보다 더 많이 일어나는 이유는 무엇일까? 오히려 지구 그림자가 훨씬 크니까 월식이 더 자주 일어나야 하지 않을까 하는 의문이 들기도 하는데…. 탐구해보자.

달의 지름 크기는 약 3474km다. 태양 빛에 의한 달그림자 길이는 얼마일까? 달의 공전궤도가 타원이므로 달이 지구에 가까운 경우에는 그림자의 초점이 지구에 닿아서 개기일식이 일어나고, 달이 멀어져서 그림자 길이가 조금 짧으면 태양의 테두리가 보이는 금환일식이 일어난다. 그러나 큰 차이는 없으니 지구~달의 평균 거리인 380,000km를 그림자의 길이로 놓자. 그러면 달의 지름 : 달의 그림자 길이 = 3474 : 380,000 ≒ 1 : 109다.

지구의 지름은 약 12,742km로 달 크기의 약 네 배다. 따라서 지구의 그림자 길이도 그에 비례하여 달의 그림자 길이보다 네 배 길어야 한다. 달과 지구의 크기와 그림자의 길이를 높이와 밑변으로 하는 각각의 삼각형 또는 부채꼴을 그린 후, 이를 〈그림 6-21〉처럼 일렬로 나란히 놓고 비교해보자.

네 개의 달이 일렬로 늘어서서 지구라는 표적에 그림자 총을 쏜다고 가정하자. 표적이 크기 때문에 네 개의 그림자 총은 빗나가는 일이 없이 모두 지구 어딘가를 맞힌다. 명중률 100%다. 그림자 총에 맞은 곳은 개기일식이 일어나는 지역에 해당한다.

이번에는 네 개의 달이 지구 뒤편으로 돌아가서 지구 그림자 속으로 들어간다고 가정하자. 이 경우에는 사정이 다르다. 지구의 그림자 폭이 넓기는 하지만 달은 지구 그림자 폭의 4분의 3에 해당하는 지역을 공전하므로 달 세

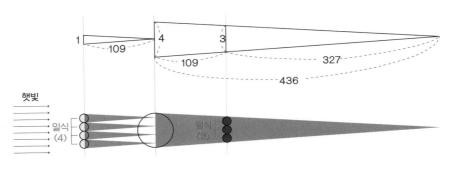

〈그림 6-21〉 일식 : 월식 = 4 : 3

개는 월식이 가능하지만 한 개는 월식이 일어날 수 없다. 따라서 일식과 월식은 약 4:3의 비율로 일어난다.

　　다른 변수가 더 있다. 앞서 〈그림 6-21〉은 본그림자본영, 本影 부분을 나타낸 것이고, 반그림자는 생략되었다. 반그림자 지역이란, 태양 빛 일부가 들어오는 지역이다. 따라서 반그림자 지역에서는 부분일식이 일어나는데, 그 범위는 본그림자보다 훨씬 넓다. 이는 〈그림 6-22〉와 같다. 개기일식이 일어나지 않은 채 부분일식만 일어나는 경우도 있으므로 일식은 1년에 최대 5회까지 일어날 수 있다.

　　개기일식 때는 태양의 대기권인 코로나의 모습을 볼 수 있으므로 천문 현상을 연구하는 사람들은 개기일식이 일어나는 몇 분 동안의 순간을 포착하기 위해 기꺼이 여행한다. 〈그림 6-23〉 사진에는 개기일식 때 드러난 태양 코로나의 모습이 잘 드러나 있다.

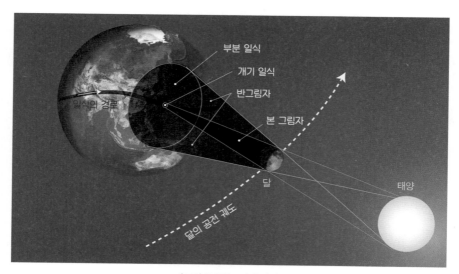

〈그림 6-22〉 일식 현상

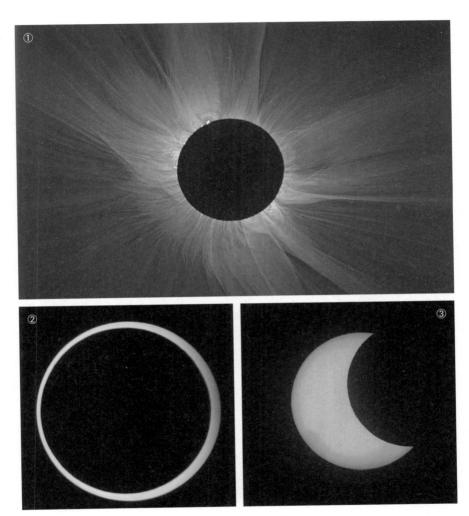

〈그림 6-23〉 일식의 종류
① 개기일식과 코로나(NASA) ② 금환일식 ③ 부분일식

부분일식과 반영식의 차이는?

달에 반그림자가 생긴다면 지구에도 반그림자가 생길 테니, 월식도 훨씬 자주 일어나는 것 아닐까?

그렇게 오해하기 쉽지만, 월식은 일식과 달리 지구 본그림자에 들어갈 때만 부분월식 또는 개기월식이 일어난다. 왜냐하면 달이 반그림자에 들었을 때는 달 전체의 밝기가 사소하게 어두워질 뿐이어서 인식하기 어렵기 때문이다. 이러한 상태를 반영식半影蝕이라고 한다. 부분일식은 달이 지구의 본그림자 속으로 진입할 때 일어난다. 그러다가 이윽고 달 전체가 본그림자 속으로 풍덩 빠지면 개기월식이 당분간 지속된다.

달이 본그림자 속으로 들어갈 때는 부분일식이 일어나면서 달의 왼쪽 부분부터 어두워진다. 그런데 달 전체가 지구의 본그림자로 진입하면 달이 사

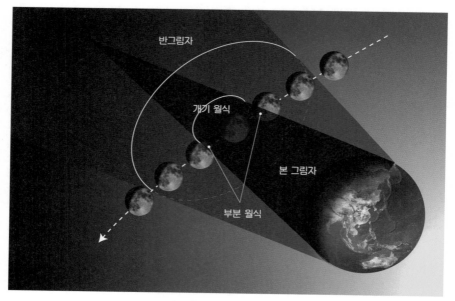

〈그림 6-24〉 월식의 원리

〈그림 6-25〉 개기월식 때 달의 모습

라진 것처럼 보일까? 개기월식 때 달을 보면 그렇지 않다. 개기월식이 일어났을 때는 〈그림 6-25〉처럼 보이는데 피처럼 붉다 하여 블러드문blood moon이라는 별명이 붙었다. 이처럼 개기월식이 일어나더라도 완전히 어두워지지 않은 이유는 지구 대기권에서 굴절된 붉은색 파장이 달 표면에 도달하여 반사되기 때문이다. 지구의 얇은 대기권이 태양 빛을 파장에 따라 분리하고 굴절시키는 프리즘 역할을 하는 셈이다.

　지구 그림자 속으로 진입한 달이 다시 그림자 밖으로 나오려면 한 시간 반 정도 걸린다. 월식 현상은 달이 보이는 지역이라면 지구 어디에서나 관찰할 수 있다. 월식은 이처럼 광범위한 지역에서 비교적 오랜 시간 진행되기 때문에 대부분 사람이 목격하는 자연 현상이다.

7

이토록 다이내믹한 지구,
무엇으로 만들어졌을까?

– 원자에서 소립자까지

모든 것은 원자에서 시작되었다

우리는 물질을 감각으로 느낀다. 만질 수 있고, 볼 수 있고, 냄새나 소리도 들을 수 있기에 물질은 확실히 존재하는 그 무엇이다. 그러나 물질을 무한히 잘게 자르면 마지막엔 어떤 것이 남을까? $1 \div \infty = 0$이므로, 크기가 0인 물질이 되는 것일까?

그렇다면 '크기가 0인 점이 모여서 물질을 만든다'고 하면 어떨까? 알쏭달쏭한 이 문제에 대해서 철학자와 과학자들은 수천 년 동안 고민했다.

물질의 소재素材가 되는 입자를 소립자素粒子, elementary particle라고 한다. 전자electron도 소립자의 하나인데, 과학자들은 그 크기를 0으로 간주한다. 그렇지만 에너지는 0이 아니므로 질량은 있다. 그래서 과학자들은 소립자를 양자量子, quantum라고도 한다. 양자는 '양을 셀 수 있는 작은 에너지 덩어리'라는 뜻이다.

소립자 또는 양자는 빛이 되기도 하고 물질物質, matter이 되기도 하고 반물질反物質, anti-matter로 변하기도 한다. 물질과 반물질은 '반전 거울'과 같은 관계다. 예를 들면 전자의 반물질은 양전자인데, 서로 모든 특성이 같지만 전기적 성질만 반대다. 전자와 양전자가 만나면 빛에너지를 방출하고 둘 다 우주에서 사라진다. 이 같은 현상을 쌍소멸이라고 한다.

우주가 탄생했을 땐 물질과 반물질의 양이 거의 같았던 것으로 추정한다. 그러나 물질과 반물질이 만나 쌍소멸 하면서 반물질은 거의 전부 사라졌다. 그러나 사실 이것도 확실하지는 않다. 창공에 빛나는 별 중 순수한 반물질 재료로만 만들어진 별이 있을지도 모르니까.

소립자의 세계를 흔히 미시세계微視世界라고 한다. 그 미시세계는 우리가 경험하는 일상의 거시세계巨視世界의 물리 법칙이 잘 들어맞지 않는 이상한 세계여서 알쏭달쏭한 일들로 가득하다. 이 장에서는 그 작은 세계를 연구한 학자들의 생각을 따라가며 탐구한다.

물질이란 무엇인가?

고대 그리스 철학자 엠페도클레스는 "만물은 공기, 물, 불, 흙의 4원소로 이루어져 있다."라고 주장했다.

그러나 데모크리토스의 생각은 달랐다.

"만물은 원자原子, atom와 진공으로 되어 있다. 원자의 성질은 모두 똑같지만 물질마다 결합 방식이 다를 뿐이다."

사람들은 엠페도클레스와 데모크리토스의 생각에 관해서 토론했다.

"누구 말이 옳은 거야?"

아리스토텔레스가 말했다.

"물과 불의 성질이 다른데 원자의 성질이 똑같다니 말이 됩니까? 또한 알갱이는 무한히 자를 수 있어요. 그걸 자를 만한 작은 칼이 없을 뿐이죠. 그래서 저는 엠페도클레스 님의 원소설이 맞는 것이라고 봅니다. 그러니까 세상은 네 가지 기운이 조합하여 사물을 빚어내는 것이지요. 4원소에 한 가지를 덧붙이면, 우주에는 에테르라고 하는 제5의 원소가 있는 것 같습니다."

"오! 역시 아리스토텔레스 님은 우주를 꿰뚫고 계신 현자십니다."

대다수 사람은 엠페도클레스가 주장하고 아리스토텔레스가 지지한 원소설을 믿었다.

원자설의 발전 과정은?

데모크리토스의 원자설은 대략 2000년의 시간이 흐른 뒤에 존 돌턴^{John Dalton, 1766~1844}에 의해 부활한다. 그는 기체 실험을 통해 다음과 같은 결론을 제시했다.

"원자는 더 이상 쪼개질 수 없고 다른 원자로 바뀔 수 없으며, 사라지거나 생겨날 수 없다. 같은 원소의 원자는 같은 크기와 질량을 가진다."

그러나 돌턴의 원자설은 후대 과학자들이 원자보다 작은 입자를 발견함에 따라 수정되었다.

1897년 조지프 존 톰슨^{Joseph John Thomson, 1856~1940}에 의해서 전자가 발견되고, 1919년 어니스트 러더퍼드^{Ernest Rutherford, 1871~1937}에 의해서 원자핵이 발견되었으니까. 원자핵을 구성하는 중성자는 1932년 제임스 채드윅^{James Chadwick, 1891~1974}이 발견했다.

톰슨이 전자를 발견한 것은 음극선관 실험을 통해서였다.

음극선관은 형광등과 비슷한 장치로 공기를 뺀 유리관에 음 전극과 양 전극 장치를 연결한 것이다.

전극에 고압 전기를 연결하면 음극에서는 전자가 방출되어 양극 쪽으로 끌리는데, 이를 음극선이라고 한다. 양 전극판 중앙에는 구멍이 뚫려 있어서 음극선이 그곳을 통해 반대편 쪽으로 직진하게 된다. 이때 중간 지점에 약한 전자기장이 형성되도록 축전지를 연결하면 음극선이 양 전기판 쪽으로 구부려져서 형광판에 부딪혀 흔적을 남긴다. 톰슨은 음극선이 음전하를 가진 미립자^{작은 입자}의 흐름으로 파악했는데, 그 미립자가 전자다.

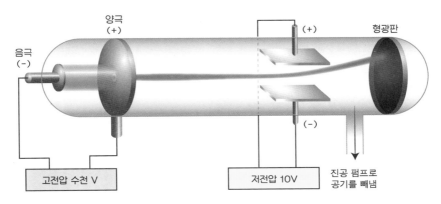

〈그림 7-1〉 톰슨의 음극선관 실험

톰슨은 전자가 음극 주변에 있던 기체 분자들한테서 떨어져 나온 것으로 추측하고, 전자를 원자핵의 구성 요소로 해석했다. 이는 원자가 더 이상 쪼개질 수 없다는 돌턴의 원자설을 정면으로 부정하는 것이었다.

또한 보통 원자들이 중성인 까닭은 양전하를 띤 물렁물렁한 양성자 사이에 음전하를 띤 전자들이 골고루 퍼져 박혀 있기 때문이라고 그는 생각했다. 그가 제안한 원자 모델은 건포도가 박힌 푸딩처럼 생겼으므로 플럼 푸딩plum pudding 모형이라고 부른다.

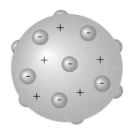

〈그림 7-2〉 톰슨의 원자 모형

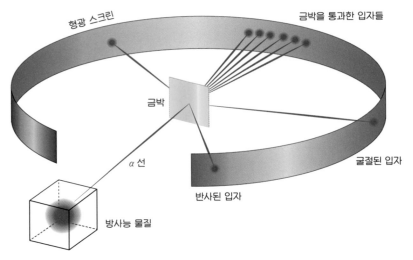

형광 스크린

금박을 통과한 입자들

금박

α 선

굴절된 입자

방사능 물질

반사된 입자

〈그림 7-3〉 러더퍼드의 산란 실험

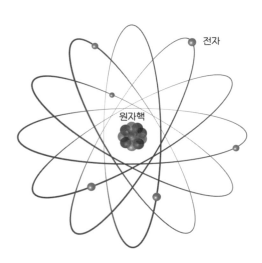

전자

원자핵

〈그림 7-4〉 러더퍼드의 원자 모형

톰슨의 제자인 러더퍼드는 방사성 물질에서 방출되는 알파 입자$^{α입자: 양성}$자 2개와 중성자 2개가 결합한 헬륨핵를 얇은 금박에 쏘는 실험을 했다. 알파 입자는 전자보다 무거우므로 푸딩 모양의 원자를 그대로 뚫고 지나갈 것으로 러더퍼드는 예상했다. 그런데 예외적인 현상이 발생했다. 대부분의 알파 입자는 금박을 뚫고 지나갔지만 수천 개 중에서 몇 개는 딱딱한 방망이에 맞은 야구공처럼 튕겨 나왔기 때문이다. 러더퍼드는 "종이에 대포를 쏘았는데 대포알이 튕겨 나온 것처럼 얼떨떨했다"고 당시의 기분을 묘사했다.

러더퍼드는 일부의 알파 입자가 금박을 통과하지 못하고 반사된 현상으로부터, 원자의 대부분은 빈 곳이며, 대부분의 질량이 원자핵$^{atomic\ nucleus}$에 집중되어 있다고 추론했다. 그리고 태양계를 닮은 원자 모형을 1911년에 발표했다.

그렇지만 러더퍼드의 원자 모형은 불완전하여 과학자들로부터 의문이 제기되었다.

"러더퍼드 모형처럼 전자가 원운동 하면 전자는 전자기파를 방출해야 합니다. 그러면 전자는 속도가 줄어들어서 순식간에 양전기를 띤 원자핵으로 끌려가 버릴 걸요?"

이러한 문제점에 대해서 새로운 원자론을 제시한 사람은 러더퍼드의 제자였던 닐스 보어$^{Niels\ Henrik\ David\ Bohr,\ 188~1962}$다.

닐스 보어의 원자 이론은 분광학의 발달과 밀접한 관계가 있다.

스펙트럼으로 무엇을 알 수 있을까?

분광학$^{分光學,\ spectroscopy}$은 빛을 이용하여 물질의 정보를 알아내는 학문이다. 과거에는 주로 프리즘을 통과하여 무지개처럼 분산된 가시광선을 관찰했는데, 오늘날에는 격자분광기, 간섭분광기 등 다양한 분광기를 이용하여 물질의 특성을 연구한다.

빛의 파장에 따라서 무지개처럼 펼쳐진 띠를 스펙트럼이라고 한다. 스펙트럼은 세 종류로 구분한다.

백열등처럼 고온의 고체 또는 액체에서 나오는 빛은 빨주노초파남보 무지갯빛이 끊어진 데가 없이 이어지므로 '연속스펙트럼'이라고 한다.

〈그림 7-5〉 연속스펙트럼

방전관에 기체를 넣고 고전압을 가했을 때 관찰되는 빛의 스펙트럼은 특정 파장에서 몇 가닥의 선으로만 나타난다. 이를 '선스펙트럼' 또는 '방출스펙트럼'이라고 한다. 선스펙트럼은 원자 상태나 종류에 따라서 다르게 나타난다.

백열등에서 나오는 빛은 연속적이지만, 그 빛을 저온의 기체에 통과시키면 기체의 원자가 특정 파장을 흡수하기 때문에 스펙트럼에 검은 선들이 나

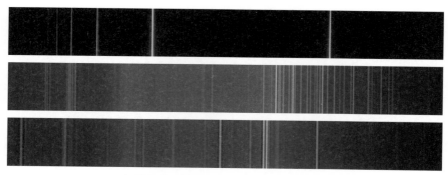

〈그림 7-6〉 선스펙트럼(위부터 수소, 네온, 수은)

타난다. 이를 '흡수스펙트럼'이라고 한다. 〈그림 7-7〉은 특정 원소 성분에 따른 흡수선의 위치를 나타낸다.

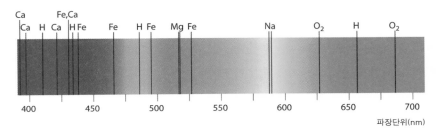

〈그림 7-7〉 흡수스펙트럼

수소의 선스펙트럼 파장은 약 656.3, 486.1, 434.1, 410.2nm에서 뚜렷하게 나타난다.

〈그림 7-8〉 수소 선스펙트럼의 파장

그 숫자들에는 어떤 비밀이 있을까? 1884년 스위스의 수학 교사였던 요한 발머Johann Jakob Balmer, 1825~1898는 의미 없어 보이는 숫자들이 하나의 식으로 표현된다는 것을 알아냈다.

$$\text{파장}(\lambda) = 364.56 \frac{m^2}{m^2-4} \ \text{(발머의 식)}$$

발머의 식에서 파장λ; 람다의 단위는 nm며, m의 값은 3, 4, 5, 6이다. 그러니까 m의 값에 3, 4, 5, 6을 대입하면 각각 656.3, 486.1, 434.1, 410.2의 값이 나오는 것이다.

"오호! 숫자에 뭔가 비밀이 숨겨져 있는 것이 아닐까?"

사람들은 발머의 식이 신기했다. 그러나 수소 스펙트럼의 파장이 어찌하여 그와 같은 식으로 표현될 수 있는 것인지는 몰랐다. 그로부터 4년 후 스웨덴의 물리학자 요하네스 뤼드베리Johannes Robert Rydberg, 1854~1919는 수소 같은 원소들의 스펙트럼 파장을 예측하는 보편적인 공식을 만들었는데, 수소의 경우 그 식은 다음과 같다.

$$\frac{1}{\text{파장}(\lambda)} = R\left(\frac{1}{2^2} - \frac{1}{m^2}\right) \quad (\text{뤼드베리 공식, m}=3, 4, 5, 6\cdots\cdots)$$

뤼드베리 공식에서 R은 뤼드베리 상수로 그 값은 $1.097 \times 10^{-2}\text{nm}^{-1}$이다.

닐스 보어, 수소 스펙트럼에서 원자 모델의 힌트를?

닐스 보어는 발머의 식과 뤼드베리 공식에서 힌트를 얻었다. 그리고 막스 플랑크Max Karl Ernst Ludwig Planck, 1858~1947의 에너지 양자화 개념에너지가 작은 덩어리의 형태로 분산되어 있다는 개념을 도입하여 수소 선스펙트럼을 설명하는 두 가지 가정을 세웠다.

첫째, 전자가 안정된 자신의 궤도를 돌고 있을 때는 전자기파를 방출하지 않고 원운동을 한다.

둘째, 전자가 자신의 궤도를 이탈하여 다른 궤도로 점프할 때는 그 궤도 에너지 차이에 해당하는 전자기파를 방출하거나 흡수한다.

보어는 전자가 궤도를 바꿀 때는 연속적으로 움직이는 것이 아니라 순간적으로 점프하는 것으로 설명했다. 이처럼 전자가 다른 궤도로 이동하는 현상을 '양자 도약quantum jump; 퀀텀 점프'이라고 한다. 2차선을 달리던 자동차가 1차선으로 진입할 때는 서서히 진로를 변경해야 하지만, 양자 도약은 그와 같은 진로 변경이 아니라 2차선에서 뿅 하고 사라져서 1차선으로 뿅 하고 나타나는 순간 이동 같은 현상이다.

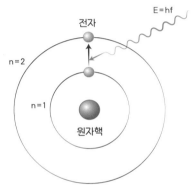 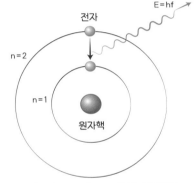

n=1 궤도와 n=2 궤도의 에너지 준위 차에 해당하는 에너지(E=hf)를 얻으면 전자는 n=1 궤도에서 n=2 궤도로 도약한다.

n=2 궤도와 n=1 궤도로 전자가 떨어지면 에너지 준위 차에 해당하는 전자기파가 방출된다. 전자기파 에너지 E=hf

(E: 에너지 준위 차   h: 플랑크 상수   f: 진동 수)

〈그림 7-9〉 보어 원자 모형

닐스 보어는 전자가 m이라는 궤도에서 n궤도로 떨어질 때 발생하는 에너지의 차이를 다음과 같이 나타냈다.

$$E = E_m - E_n = hf = \frac{hc}{\lambda} = 2.17 \times 10^{-18} \left(\frac{1}{n^2} - \frac{1}{m^2} \right)$$

(h: 플랑크 상수, f: 진동수, λ: 파장, c: 광속, n, m은 양의 정숫값)

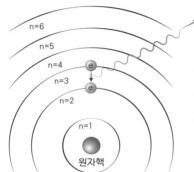

n=1은 바닥 상태
n=2, 3, 4, 5, 6 바깥 궤도로 갈수록 에너지 증가
n=3에서 n=2 궤도로 전자가 떨어지면 656.3nm 파장 방출
n=4에서 n=2 궤도로 전자가 떨어지면 486.1nm 파장 방출
n=5에서 n=2 궤도로 전자가 떨어지면 434.1nm 파장 방출
n=6에서 n=2 궤도로 전자가 떨어지면 410.2nm 파장 방출

〈그림 7-10〉 전자가 궤도 이동을 할 때 발생하는 에너지 차이

   그가 세운 식은 수소의 선스펙트럼 파장을 정확하게 설명했다. 그러나 다른 원소들에 적용하면 잘 맞지 않았다. 또한 전자가 연속적으로 이동하지 않고 순간 점프하듯이 건너뛸 것이라는 보어의 발상에 대해서 어처구니없어하는 과학자도 있었다.

   "전자가 유령처럼 점프한다고? 말도 안 돼! 보어의 말이 사실이면 나는 물리학을 그만둘 거요!"

어디에나 있다지만, 어느 곳에도 없는…

전자의 궤도가 불연속적으로 띄엄띄엄 분포하는 까닭은?

1924년 프랑스의 물리학자 루이 드브로이Louis Victor Pierre Raymond de Broglie, 1892~1987는 술에 취해 탁자 위에 수학 공식을 쓰면서 중얼거렸다.

"빛은 입자이면서 파동의 성질을 가진다. 전자와 같은 입자도 파동의 성질을 가지는 것이 아닐까?"

함께 술을 마시고 있던 동료 과학자가 말했다.

"박사님 많이 취하셨어요, 이제 그만 드세요. 전자는 물질인데 파동처럼 행동할 수 있겠어요? 전자가 술에 취했다면 모를까…."

물질도
빛과 마찬가지로
입자이면서
파동의 성질을 가진다.

물질파 = 드브로이파

$$\lambda = \frac{h}{p} \quad \lambda = \frac{h}{mv}$$

λ: 파장 h: 프랑크 상수 p: 운동량
m: 질량 v: 속도

〈그림 7-11〉 루이 드브로이의 물질파

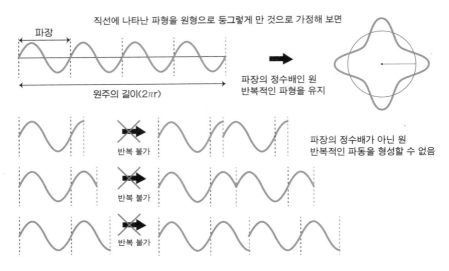

직선에 나타난 파형을 원형으로 둥그렇게 만 것으로 가정해 보면

파장

원주의 길이($2\pi r$)

파장의 정수배인 원
반복적인 파형을 유지

반복 불가

반복 불가

반복 불가

파장의 정수배가 아닌 원
반복적인 파동을 형성할 수 없음

〈그림 7-12〉 전자 궤도가 원자핵으로부터 일정 거리를 유지하는 이유

이튿날, 드브로이는 자신이 술에 취해 기발한 생각을 했다는 것을 기억해 내고, '물질파matter wave' 개념을 창안했다.

"파동이 입자의 성질을 가질 수 있다면, 입자도 파동의 성질을 가질 수 있을 거예요. m이라는 질량을 가진 전자가 v라는 속도로 운동하면 mv라는 운동량을 가집니다. 플랑크 상수 h를 운동량 mv로 나누면 전자의 파장이 계산됩니다. 즉, $\lambda(\text{파장}) = \dfrac{h(\text{플랑크 상수})}{p(\text{운동량})} = \dfrac{h(\text{플랑크 상수})}{mv(\text{질량}\times\text{속도})}$ 가 되는 거요."

드브로이가 제안한 물질파 개념은 보어 원자 모델에서 전자가 연속적이지 않고 띄엄띄엄 분포하는 이유를 설명할 수 있는 중요한 근거를 제공했다. 전자의 궤도를 원이라고 가정했을 때, 전자가 입자의 성질만 갖는다면 원의 크기는 아무 상관없다. 원이 크거나 작거나 그 안에 어디에 어디든지 있을 수 있으니까. 그러나 전자가 파동의 성질을 가진다면 원의 크기가 파장의 정수배가 되어야만 파형이 유지된다. 즉 보어 원자 모델 공식에서 n=1, 2, 3, 4,··· 처럼 전자의 궤도가 원자핵으로부터 일정 거리를 유지하고 정해진 까닭이 설명된다.

드브로이의 물질파 이론은 발표 당시에 하나의 추론으로 취급되어 큰 주목을 받지 못했다. 그러나 아인슈타인이 이를 지지하고, 클린턴 데이비슨^{Clinton Joseph Davisson, 1881~1958}과 레스터 거머^{Lester Germer, 1896~1971}가 1927년 니켈 결정을 이용한 전자 산란 실험을 하여 '전자의 파동성'을 확인한 후 드브로이의 이론이 옳다는 것을 증명했다.

전자가 발견될 확률과 파동함수

독일의 이론물리학자 베르너 하이젠베르크^{Werner Karl Heisenberg, 1901~1976}도 보어의 원자 모형을 못마땅해했다.

"원자의 궤도 운동을 본 사람은 아무도 없어. 우리가 관측할 수 있는 것은 원자가 방출하는 선스펙트럼의 진동수와 에너지 세기밖에 없어. 나는 그것만 가지고 원자를 설명해야겠어."

1925년, 하이젠베르크는 '행렬역학^{matrix mechanics}'이라는 수학적 틀을 이용하여 원자가 방출하는 선스펙트럼을 설명했다.

보통의 수학에서는 A 곱하기 B는 B 곱하기 A와 같다. 즉 AB=BA가 된다. 그러나 행렬 수학에서는 앞뒤의 순서를 바꾸면 다른 값이 나온다. 즉 AB≠BA가 되기도 하는 것이다. 하이젠베르크의 행렬역학 식은 신기하게도 원자에서 나오는 빛의 스펙트럼을 정확하게 설명했다. 하지만 당시의 대다수 과학자들은 행렬 수학에 대해 잘 알지 못했다.

"매트릭스 역학? 아무튼 원자 스펙트럼을 잘 설명하는 답을 구했으니 신기하기는 하네⋯."

　천재로 소문난 하이젠베르크에게 따질 만한 과학자는 별로 없었다. 그러나 베를린 대학에서 강연이 끝난 후 그곳의 대학교수인 아인슈타인이 하이젠베르크를 집으로 초대하여 물었다.

　"자네는 전자 궤도를 무시하고 스펙트럼을 설명했더군, 그 까닭이 뭔가?"

　"전자의 운동 경로를 측정하는 것은 불가능해요. 측정이 불가능한 것을 가지고 설명하면 그것이 옳은지 아닌지 어떻게 알 수 있죠?"

　아인슈타인은 운동하는 물체는 어떤 것이든 경로가 있어야 한다고 생각했기 때문에 하이젠베르크의 설명이 못마땅했다. 그러나 '측정 불가능하다'는 하이젠베르크의 생각은 훗날 '불확정성의 원리'로 발전하여 양자역학의 핵심 원리가 되었다.

　그런데 이듬해인 1926년에 또 한 명의 천재 에르빈 슈뢰딩거Erwin Rudolf Josef Alexander Schrödinger, 1887~1961가 '슈뢰딩거 방정식'을 발표했다. 슈뢰딩거는 원자핵과 전자의 전자기력을 토대로 전자들의 운동 상태를 '파동함수wave function'로 표현했다. 전자들의 운동을 물결치는 파동과 같은 것으로 본 것이다. 이러한 생각은 드브로이가 1924년 발표한 물질파의 개념을 확장시킨 것이었다.

　슈뢰딩거가 발표한 논문은 하이젠베르크가 절대 알 수 없을 거라고 장담한 전자의 궤도를 미적분 방정식으로 표현한 것이다. 그리고 하이젠베르크의 행렬역학처럼 원자의 선스펙트럼을 정확하게 설명했다. 그러나 슈뢰딩거의 파동 방정식은 허수제곱하면 음수가 되는 수를 포함하기 때문에 기묘했다.

　"뭐지? 유령 같은 파동이란 말인가?"

　1926년 독일의 막스 보른Max Born, 1882~1970은 슈뢰딩거의 방정식을 확장시켜 '확률 해석'을 제안한다.

불확정성의 원리

$$\Delta x \cdot \Delta p \geq \frac{\hbar}{2}$$

슈뢰딩거 파동 방정식

$$i\hbar \frac{\partial \Psi}{\partial t} = -\frac{\hbar^2}{2m} \frac{\partial^2 \Psi}{\partial x^2} + V\Psi$$

〈그림 7-13〉 하이젠베르크와 슈뢰딩거

"슈뢰딩거 파동함수의 절댓값을 취해 제곱해봅시다. 절댓값을 제곱하는 것이므로 허수가 아닌 실수가 되지요. 그래서 구한 파동함수는 원자핵 주변에 있는 전자의 위치 확률이 되는 것 같습니다. 그 확률 분포를 나타내면 마치 전자가 구름처럼 분포하는 모양이 됩니다."

아인슈타인은 보른의 확률 해석 제안에 대해 고개를 가로저으며 말했다.

"전자가 확률로 존재한다고? 신은 주사위 놀이를 하지 않아요. 어처구니 없는 주장이군요."

그러나 슈뢰딩거 방정식에 토대를 둔 보른의 확률 해석은 후일 원자 오비탈 모형으로 발전하는 토대가 된다. 원자 오비탈 모형은 원자핵 주변의 전자가 발견될 확률 분포를 나타낸다. 구형의 양파껍질이나 아령과 같은 모양으로 축 방향을 달리하며 여러 가지 형태가 있다.

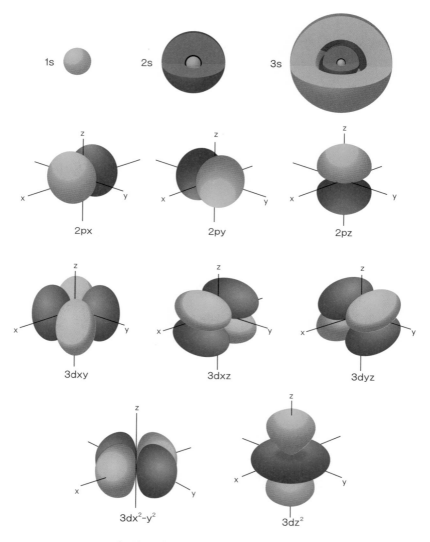

1s   2s   3s

2px   2py   2pz

3dxy   3dxz   3dyz

3dx²-y²   3dz²

〈그림 7-14〉 다양한 모양의 원자 오비탈 궤도

전자가 확률로 존재한다는 의미는?

상자에 구슬을 넣고 좌우로 흔든 다음 가운데에 칸막이를 끼우면 구슬은 어느 한쪽에 있다. 상자를 열어 확인해보니 오른쪽에 있었다면, 구슬은 상자를 열기 전부터 오른쪽에 있었을 거다.

그러나 구슬을 전자처럼 작은 양자라고 가정하면 사정이 달라진다. 상자를 열었을 때 전자가 오른쪽에 있는 것으로 관찰되었다고 해서 '전자가 원래부터 오른쪽에 있었던 것이라고 말할 수 없다'는 것이 양자역학의 논리다.

양자역학의 해석에 따르면, 전자는 오른쪽과 왼쪽 양쪽에 동시에 존재하

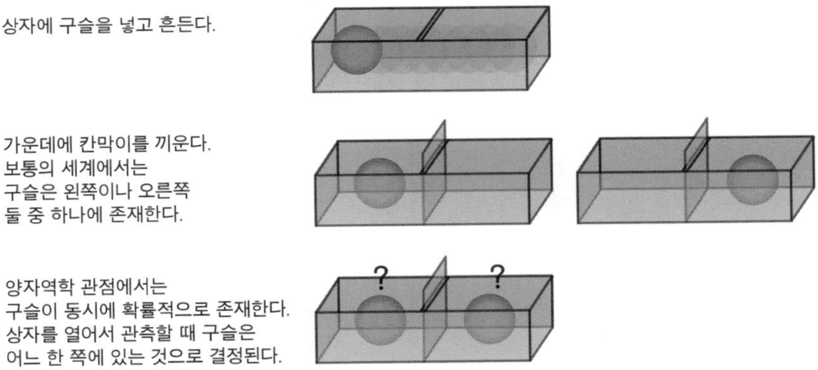

상자에 구슬을 넣고 흔든다.

가운데에 칸막이를 끼운다.
보통의 세계에서는
구슬은 왼쪽이나 오른쪽
둘 중 하나에 존재한다.

양자역학 관점에서는
구슬이 동시에 확률적으로 존재한다.
상자를 열어서 관측할 때 구슬은
어느 한 쪽에 있는 것으로 결정된다.

〈그림 7-15〉 양자역학의 논리

며 관찰한 순간에 어느 한쪽에 있는 것으로 결정된다. 이런 현상에 대해 양자물리학자들은 '관찰로 인해 중첩되었던 파동함수가 붕괴하여 어느 한쪽의 결과로 나타나는 것'이라고 설명한다. 이러한 현상은 전자총 이중 슬릿 실험*을 통해 널리 알려졌다.

---

* 최초의 이중 슬릿 실험은 빛의 파동성을 증명하기 위해 영국의 토머스 영Thomas Young, 1773~1829이 고안하였다.

길쭉한 동전 구멍처럼 생긴 두 개의 슬릿에 전자총을 쏜다. 전자를 총알처럼 쏘아서 슬릿 사이로 지나가게 하는 것이다. 전자들은 슬릿을 통과하여 반대편 스크린에 박혀 흔적을 남긴다.

상식적으로는 길쭉한 두 개의 슬릿 사이로 전자들이 지나갔으므로 두 개의 줄무늬 패턴이 나와야 한다. 그러나 결과는 달랐다. 스크린에 나타난 전자들의 충돌 흔적은 얼룩말 줄무늬처럼 여러 개가 나타났다.

"왜 줄무늬가 여러 개 나타나지? 이건 마치 물결 파동이 간섭무늬를 만드

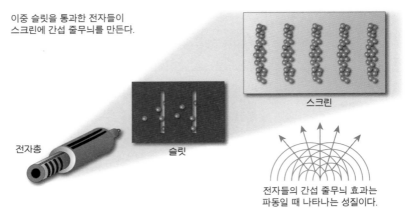

이중 슬릿을 통과한 전자들이
스크린에 간섭 줄무늬를 만든다.

스크린

전자총

슬릿

전자들의 간섭 줄무늬 효과는
파동일 때 나타나는 성질이다.

〈그림 7-16〉 이중 슬릿 실험

는 것과 같은 원리잖아! 전자를 여러 개 동시에 발사해서 전자끼리 간섭을 일으키는 것일까? 옳지 전자를 동시에 발사하지 말고 한 개씩 따로따로 발사해서 관찰해보자."

전자를 동시에 발사하지 않고 시차를 두어 한 개씩 발사한 실험에서는 어떻게 되었을까? 전자의 간섭무늬가 나타나지 않았을까? 결과는 똑같았다. 즉, 전자를 하나씩 따로따로 발사해도 줄무늬 패턴이 나타났다. 이는 전자가

입자면서도 파동처럼 행동한다는 것을 의미한다.

그런데 전자는 과연 두 개의 슬릿 사이를 정말로 통과한 것일까? 이것이 궁금했던 과학자들은 관측 장치를 달아 확인해보기로 했다. 그러자 정말 이상한 일이 일어났다. 관측 장치를 부착하고 난 뒤에는 여러 개의 줄무늬 패턴이 사라지고 단 두 개의 줄무늬만 남는 것이었다.

"관측 장치를 달았더니 간섭무늬가 사라지네? 정말 괴상한 일이군."

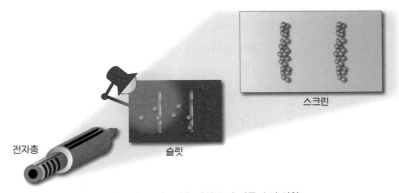

전자총   슬릿   스크린

〈그림 7-17〉 관측 장치를 단 이중 슬릿 실험

전자가 어느 쪽 슬릿으로 통과했는지를 알아보고자 관측을 했더니 간섭무늬가 사라졌다. 이 현상을 어떻게 해석해야 할까? 이를 두고 양자물리학자들은 파동함수의 붕괴라고 말한다.

"그러니까 말이죠. 관측하기 전에는 안개처럼 부옇게 확률적으로 존재하는 전자가 슬릿을 통과하여 간섭무늬를 만듭니다. 그러나 관측하는 순간에 전자의 파동함수가 붕괴하여 한 개의 입자인 것처럼 모습을 드러냅니다. 그래서 여러 개의 줄무늬 패턴은 사라지고 단 두 줄의 흔적만 남게 된 것이라고 할 수 있지요."

양자역학의 세계는 기묘하기 짝이 없다. 이를 두고 양자역학의 대가 리처드 파인만Richard Phillips Feynman, 1918~1988은 말했다.

"양자역학을 제대로 이해하는 사람은 아무도 없습니다."

불확정성의 원리란 무엇일까?

하이젠베르크는 전자처럼 작은 입자의 위치와 운동량을 동시에 측정하는 일은 불가능하다는 것을 사고 실험을 통해 설명했다.

전자를 볼 수 있는 현미경이 있다고 가정해보자. 전자의 위치를 파악하기 위해서 빛을 비춘다. 이때 전자의 위치를 정확하게 측정하려면 감마선처럼 짧은 파장의 빛이 좋다. 빛의 파장 길이가 λ라면 전자의 위치는 최소 λ만큼의 오차가 생기기 때문이다. 따라서 전자의 위치 불확정성을 Δx델타 엑스라고 하면, $\Delta x \geq \lambda$로 표현한다.

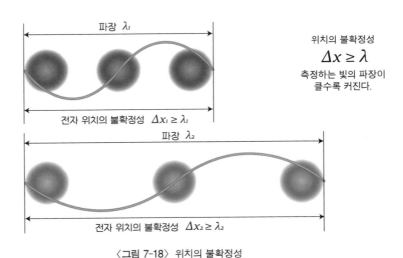

파장 λ_1

전자 위치의 불확정성 $\Delta x_1 \geq \lambda_1$

파장 λ_2

전자 위치의 불확정성 $\Delta x_2 \geq \lambda_2$

위치의 불확정성
$$\Delta x \geq \lambda$$
측정하는 빛의 파장이
클수록 커진다.

〈그림 7-18〉 위치의 불확정성

그런데 빛광자의 파장은 짧을수록 운동량이 커진다. 파장 λ인 광자의 운동량은 $\dfrac{h}{\lambda}$로 표현되는데, 여기서 h는 플랑크 상수6.63×10^{-34}j·s다. 광자가 날아가 전자에 충돌하면 광자의 운동량이 전달되므로 전자의 운동량이 변한다. 당구공끼리 충돌하면 당구공의 속도가 달라져서 운동량이 바뀌는 것처럼.

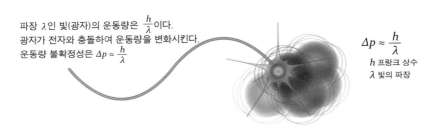

파장 λ인 빛(광자)의 운동량은 $\dfrac{h}{\lambda}$이다.
광자가 전자와 충돌하여 운동량을 변화시킨다.
운동량 불확정성은 $\Delta p \approx \dfrac{h}{\lambda}$

$$\Delta p \approx \frac{h}{\lambda}$$

h 플랑크 상수
λ 빛의 파장

〈그림 7-19〉 운동량 불확정성

따라서 전자의 위치를 정확하게 측정하려고 짧은 파장의 빛을 사용하면 전자의 운동량이 변하여 원래의 운동량을 정확하게 알 수가 없다. 즉, 운동량의 불확정성이 커진다. 운동량 불확정성을 Δp라고 하면, $\Delta p = \dfrac{h}{\lambda}$가 된다.

위치와 운동량의 불확정성을 종합해보자.

파장이 긴 빛을 사용하면 전자의 운동량은 크게 변하지 않지만, 전자가 정확히 어느 위치에 있는지 알기 어려우므로 위치 불확정성이 커진다. 반대로 짧은 파장의 빛을 이용하면 전자의 위치를 정확하게 측정할 수는 있지만, 운동량의 불확정성이 커진다. 그러므로 위치와 운동량을 동시에 재는 일은 원리적으로 불가능하다는 것이 불확정성의 원리다. 하이젠베르크는 위치와 운동량의 불확정성 관계를 간단한 식으로 표현했다.

$$\Delta x \Delta p \geq h$$

불확정성의 원리는 위치와 운동량뿐만 아니라 에너지와 시간에도 적용된다.

$$\Delta E \Delta t \geq h$$

에너지와 시간의 불확정성은 $\Delta E \Delta t \geq h$이므로, 이 원리에 따르면 진공 상태의 에너지도 0이 아니다. 플랑크 상수 h의 값이 매우 작기는 하지만 분명 0보다는 큰 값이니까. 그래서 양자역학에서는 아무것도 없는 진공에서도 실제로는 수많은 소립자가 매우 짧은 시간 생겨났다가 소멸하는 것으로 본다.

입자와 방사선은 어떤 상관이 있는 것일까?

원자 모형의 발전과 새로운 입자의 발견은 방사선의 발견 역사와 맞물려 있다.

1895년 독일의 물리학자 빌헬름 콘라트 뢴트겐Wilhelm Conrad Röntgen, 1845~1923은 진공관 실험을 하던 중에 우연히 마분지가 변색한 것을 관찰했고, 이로부터 엑스선X ray; 엑스레이을 발견한다. 그는 엑스선을 이용하여 아내의 손을 촬영했는데, 그의 아내는 뼈 사진을 보고 깜짝 놀라며 "나의 죽음을 보았다!"고 외쳤다고 한다. 이것이 최초의 엑스레이 촬영이다.

뢴트겐이 X선을 발견한 이듬해인 1896년에는 앙투안 베크렐Antoine Henri Becquerel, 1852~1908이 우라늄에서 방출된 방사선이 사진 건판을 변화시키는 현상을 발견한다.

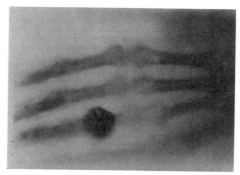

〈그림 7-20〉 뢴트겐이 촬영한 뼈 사진

"이건 뭐지? 엑스선도 아니고 이상한 방사선이야…."

우라늄에서 방출된 방사선의 정체는 양성자 두 개와 중성자 두 개로 이루어진 헬륨핵이었는데, 당시에는 잘 몰랐다. 러더퍼드는 베크렐이 발견한 방사선에 알파선$^{a-ray}$이라는 이름을 붙였다.

이듬해 1897년에는 톰슨이 음극선 관찰 실험을 통해 전자의 흐름베타선; $^{\beta}$$^{-ray}$을 발견했고, 1900년에는 프랑스 화학자 폴 비야르Paul Ulrich Villard, 1860~1934가 우라늄을 연구하던 중에 감마선$^{\gamma-ray}$을 발견했다베타선, 감마선이라는 이름도 러더퍼드가 지었다.

1932년에는 채드윅이 중성자선을 발견한다.

방사성 물질인 폴로늄^{Po}에서 방출되는 알파선$^{He^{2+}}$을 베릴륨^{Be}에 통과시키면 납^{Pb}으로 된 판을 뚫고 지나갈 정도로 투과력이 높은 방사선이 방출된다. 이렌 졸리오퀴리Irène Joliot-Curie, 1897~1956와 같은 몇몇 과학자는 그 방사선을 에너지가 높은 감마선이라고 생각했다.

그러나 그 방사선을 파라핀에 쏘았을 때, 파라핀에서 양성자가 튀어나오는 것을 관찰한 채드윅은 감마선이 아니라고 생각했다.

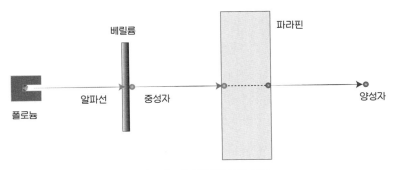

〈그림 7-21〉 채드윅의 중성자 발견 실험

"파라핀에서 양성자가 튕겨져 나오려면 감마선의 에너지가 지금보다 열 배는 강해야 하는데, 그렇지는 않은걸? 그런데도 파라핀 속의 양성자를 밖으로 밀어낼 정도로 묵직하니, 마치 당구공의 충돌과 같구나. 양성자와 질량이 거의 같으면서 전기적으로 중성인 입자? 오호라, 이것은 중성자의 흐름이다!"

채드윅은 폴로늄에서 방출된 알파선이 베릴륨에 충돌한 후 중성자가 방출되었고, 그 중성자가 파라핀에 충돌하여 양성자를 튀어나오게 한 것으로 해석하여 논문을 발표했다. 그 후 여러 과학자의 검증 실험 결과도 채드윅의 분석과 일치했고, 채드윅은 양성자를 발견한 공로로 노벨물리학상을 받았다.

여기서 잠깐, 방사선의 특성을 정리하고 가자.

방사선은 원자에서 발생한 입자의 빠른 흐름 또는 고에너지의 전자기파를 말한다. 주요한 방사선은 알파선, 베타선, 감마선, 엑스선, 중성자선이다.

알파선은 원자핵 속에서 양성자 두 개, 중성자 두 개가 한 덩어리^{헬륨의 원자핵에 해당}로 튀어나오는 것을 말한다. 보통 우라늄이나 라듐^{Ra} 등의 무거운 원자에서 방출된다.

베타선은 원자핵에서 나오는 빠른 속도의 전자 흐름이다. 일반적으로 원자핵 속에 있는 중성자가 양성자로 바뀔 때 중성미자와 함께 전자가 방출되는 것으로 알려져 있다.

감마선은 원자핵 분열 과정에서 알파선이나 베타선이 나온 뒤에 남은 에너지가 전자기파의 형태로 나온다. 태양에서 발생하는 감마선은 수소핵융합 반응의 과정에서 생긴 양전자와 전자가 쌍소멸 하며 발생하는 것으로 알려져 있다. '쌍소멸'은 '물질과 반물질이 만나 에너지를 방출하고 사라지는 현상'을 일컫는다^{이와는 반대로 감마선에서 전자와 양전자가 쌍으로 생성되는 경우는 '쌍생성'이라고 한다}.

엑스선은 원자핵에서 빠른 속도로 운동하며 들떠 있던 전자가 안쪽 궤도로 떨어지면서 속도가 줄어들 때 방출된다.

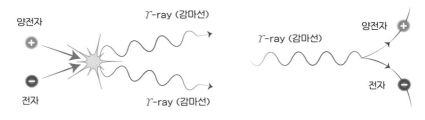

〈그림 7-22〉 쌍소멸(왼쪽)과 쌍생성(오른쪽)

중성자^{n}선은 원자로를 가동할 때나 중성자탄이 폭발할 때 방출된다. 중성자가 원자핵 내부에 양성자와 결합해 있을 때는 안정하지만, 중성자 홀로 밖으로 튀어나오는 경우는 매우 불안정하여 15분 이내에 절반 이상이 전자와 중성미자를 방출하고 양성자로 변한다.

그림은 방사선의 투과 정도를 표현한 것이다. 알파선과 베타선은 투과력이 약하지만, 감마선과 중성자선은 투과력이 매우 강하다.

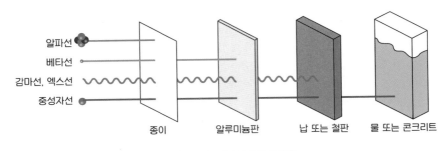

〈그림 7-23〉 방사선의 투과 정도

중성미자$^{neutrino; 뉴트리노}$는 중성^{neutro}이라는 단어에 '작고 귀여운'이라는 뜻의 이탈리아어 접미사 '-ino'가 붙어서 만들어진 말이다. 이 작고 귀여운 녀석은 질량이 거의 0이고 물질과 상호작용을 거의 하지 않기 때문에 검출하기가 매우 어렵다. 그러나 중성미자는 우주에 가득 차 있어서 1초 동안 수백조 개가 우리 몸을 관통하는 것으로 알려져 있다.

중성미자는 베타선 실험에서 나타난 이상한 현상 때문에 예상하던 입자다. 원자에서 베타선이 방출되는 경우에 원래 가지고 있던 에너지양보다 줄어드는 것으로 관측되었다. 이는 에너지보존법칙에 어긋나는 것이므로 과학자들은 알쏭달쏭할 수밖에 없었다. 이러한 현상에 대해서 볼프강 파울리Wolfgang Ernst Pauli, 1900~1958는 '보이지 않는 유령 같은 입자'가 방출된 것으로 해석했다. 엔리코 페르미Enrico Fermi, 1901~1954는 그 유령 입자에 '중성미자'라는 이름을 붙였다. 이처럼 과학자들은 이론적 추리를 통해 이름부터 짓고 그 실체를 추적하여 발견해내는 경우가 많다.

폴 디랙Paul Adrian Maurice Dirac, 1902~1984은 디랙 방정식을 통해 '반입자'의 존재를 예측하기도 했다. 반입자는 입자와 질량 등의 성질이 똑같지만 전하가 반대인 입자다. 수소는 양성자 한 개와 전자 한 개로 구성되지만, 반수소는 반양성자 한 개와 양전자 한 개로 구성되는 것이 그 예다.

그런데 현미경으로도 보이지 않는 소립자들은 어떻게 발견할 수 있을까?

〈그림 7-24〉 수소와 수소의 반입자

원자에서 소립자까지, 입자 추격전의 대단원

소립자를 추적하는 마술 같은 비법은?

우주인이 남긴 낙서처럼 보이는 〈그림 7-25〉는 소립자 충돌 후 생긴 입자들의 흔적 경로다. 입자물리학자들은 순간적으로 생성되었다가 소멸하는 입자들의 흔적을 보고 그 정체를 연구한다. 그런데 입자의 흔적은 어떤 장치로 볼 수 있는 것일까?

최초의 입자 흔적 검출 장치는 1911년 찰스 윌슨Charles Thomson Rees Wilson, 1869~1959이 만든 안개상자다. 수증기로 포화된 상자에 전기를 띤 이온

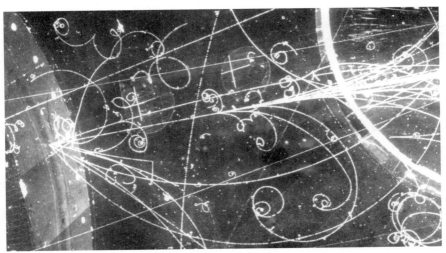

〈그림 7-25〉 입자 충돌 후 순간적으로 생성된 입자들의 궤적

을 통과시키면 수증기가 응결하여 자취가 남는 것을 이용한 장치다. 그 자취는 제트기가 지나간 하늘에 남은 구름의 꼬리 자국과 같다. 1936년에는 액체를 이용한 거품상자 검출장치가 개발되었고, 오늘날에는 입자의 불꽃이 튀는 모습을 관찰하는 방전 상자가 이용되고 있다.

채드윅이 중성자를 발견한 해인 1932년에는 칼 앤더슨Carl David Anderson, 1905~1991이 전자의 반물질인 양전자positron를 발견하고, 1936년에는 전자와 비슷하나 질량이 훨씬 큰 뮤온muon 입자를 발견했다. 1947년에는 파이온$^\pi$과 케이온^{K}이라는 입자가 우주로부터 날아오는 우주선宇宙線, cosmic ray에서 발견되었으며, 그 후로 람다, 전자 중성미자^{ve}, 에타$^\eta$, 뮤우 중성미자$^{v\mu}$ 등의 입자가 줄줄이 발견됐다.

발견되는 입자가 너무 많아 '입자 동물원'이라는 말이 나올 정도였는데, 이것들을 어떻게 정리해야 할지 과학자들은 골머리를 앓았다. 이 골치 아픈 문제에 해결책을 제시한 사람은 물리학자 머리 겔만Murray Gell-Mann, 1929~ 과 조지 츠바이크George Zweig, 1937~ *다.

겔만은 $+\frac{1}{3}$, $-\frac{1}{3}$과 같은 분수 전하량을 갖는 '쿼크quark' 입자를 제안하고, 양성자와 중성자를 세 개의 쿼크로 묶인 복합 입자라고 해석했다.

"위 쿼크up quark는 $+\frac{2}{3}$의 전하량을 가지며, 아래 쿼크down quark는 $-\frac{1}{3}$의 전하량을 가질 것으로 예상합니다. 양성자는 위 쿼크 두 개와 아래 쿼크 한 개가 결합한 것으로 보입니다. 양성자를 만든 쿼크들의 전하량을 더하면 $+\frac{2}{3}+\frac{2}{3}+\left(-\frac{1}{3}\right)$=+1이 되지요. 중성자는 아래 쿼크 두 개와 위 쿼크 한 개가 결합한 것으로 볼 수 있습니다. 중성자를 만든 쿼크들의 전하량을 더하면

---

* 츠바이크는 모스크바에서 태어난 미국의 물리학자로, '쿼크'라는 이름 대신 '에이스aces'라는 이름을 짓고 독립적으로 이론을 세웠다. 그는 겔만보다 더 확고한 믿음을 가졌던 것으로 알려져 있다. 그러나 당시 학술지에 논문 게재를 거부당하는 바람에 세인의 주목을 받지 못했고, 후일 신경과학 쪽으로 연구 분야를 전향했다고 한다.

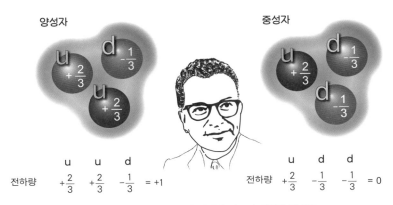

$$\begin{array}{ccc} u & u & d \\ 전하량 \quad +\dfrac{2}{3} & +\dfrac{2}{3} & -\dfrac{1}{3} = +1 \end{array}$$

$$\begin{array}{ccc} u & d & d \\ 전하량 \quad +\dfrac{2}{3} & -\dfrac{1}{3} & -\dfrac{1}{3} = 0 \end{array}$$

〈그림 7-26〉 겔만이 제안한 쿼크의 전하량 계산법

$\left(-\dfrac{1}{3}\right)+\left(-\dfrac{1}{3}\right)+\left(+\dfrac{2}{3}\right)=0$이 됩니다. 그밖에 많은 다른 입자도 이런 방식으로 더하기를 하면 입자의 개수가 대폭 줄어듭니다."

머리 겔만의 해석은 매우 멋들어졌지만, 모든 과학자가 박수를 친 것은 아니었다.

"거, 기묘한 해석이기는 한데, 쿼크라는 입자가 단독적으로 관찰된 적이 없지 않소?"

과학자들의 말대로 쿼크가 독립적으로 관찰된 적은 없다. 양성자나 중성자 속 좁은 공간에 묶여 있을 뿐이다. 그러나 1967년 이후 행해진 입자가속기 충돌 실험을 통해 찰나의 순간 나타났다 사라지는 입자들의 궤적들을 분석하면서 쿼크의 존재는 실체적인 것으로 해석되었다. 결국 과학자들은 몇 년 이상의 많은 실험 검증 절차를 통해 겔만의 이론을 공식적으로 인정했고, 겔만은 그 공로로 1969년 노벨상을 받았다.

과학으로 한걸음 더 입자 가속기

전자나 양성자처럼 작은 입자를 가속시켜 충돌시키는 장치를 입자 가속기라고 한다. 입자 가속의 원리는 전기장과 자기장을 이용한다.

입자 가속기는 가속 레일이 직선인 '선형 가속기'와 원형인 '원형 가속기'가 있다.

대표적인 선형 가속기인 스텐포드 선형 가속기는 길이가 3.2km인데, 주로 가벼운 전자[*]를 가속시켜 원자와 충돌하는 실험을 주로 한다.

스텐포드 선형 가속기

세계 최대의 입자 가속기는 스위스 제네바에 있는 LHC[Large Hadron Collider; 거대 강입자 충돌가속기]로 양성자들을 가속시켜 충돌시키는 실험을 주로 한다. LHC는 지름이 9km, 총 길이는 27km에 이른다. 구조는 오른쪽 그림처럼 원형의 트랙으로 되어 있다.

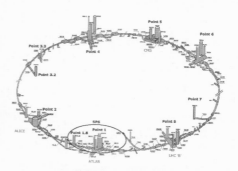

LHC(거대 강입자 충돌가속기) 구조

입자는 어떻게 분류하는가? -페르미온과 보손

과학자들은 '파울리의 배타 원리'를 따르는지 아닌지에 따라서 소립자를 페르미온Fermion과 보손Boson* 두 그룹으로 분류했다. 즉, 파울리의 배타 원리를 따르는 입자는 페르미온으로, 파울리의 배타 원리를 따르지 않는 입자는 보손으로 분류한 것이다.

1924년 볼프강 파울리Wolfgang Ernst Pauli, 1900~1958가 발표한 파울리의 배타 원리는 '동일한 입자페르미온가 원자 내부에서 동일한 에너지 상태에 함께 있을 수 없다'는 원리다. 그러므로 원소들의 원자핵 주위의 전자들은 한 곳에 우르르 몰려서 분포할 수 없고 서로를 간섭하지 않는 영역에서 띄엄띄엄 분포한다. 이러한 파울리의 배타 원리는 세상에 존재하는 100여 종 원소의 전자가 채워지는 방식을 설명하는 중요한 원리가 된다.

그런데 전자를 두 개 이상 거느리는 원자들의 첫 번째 궤도에는 두 개의 전자가 들어간다. 겉보기로는 같은 에너지를 가지는 궤도 껍질에 두 개의 전자가 존재하는 것. 이를 어떻게 해석해야 할까? 파울리의 배타 원리가 옳다면 두 개의 전자는 같은 입자가 아니어야 한다.

"전자인데 종류가 다른 전자? 질량도 같고 전하도 같고 모든 것이 같은데 어떻게 다른 성질을 가질 수 있는 것이지?"

1922년, 오토 슈테른Otto Stern, 1888~1969과 발터 게를라흐Walther Gerlach, 1889~1979는 은 원자를 균일하지 않은 자기장 속으로 통과시켰다바깥껍질에 전자 한 개를 가진 은 원자는 입자물리학적으로 전자를 대신할 수 있는 입자다. 그 결과 은 원자들이 두 방향으로 분리되어 정렬하는 모습으로 나타났다. 이는 자기장에 대해서 전자가 두 개의 방향성을 가진다는 의미였다. 만약 전자의 축이 제멋대로 어느 방향

---

* 페르미온은 이탈리아계 미국의 물리학자인 엔리코 페르미Enrico Fermi, 1901~1954의 이름에서, 보손은 인도의 물리학자 사티엔드라 나트 보스Satyendra Nath Bose, 1894~1974 이름에서 따온 것이다.

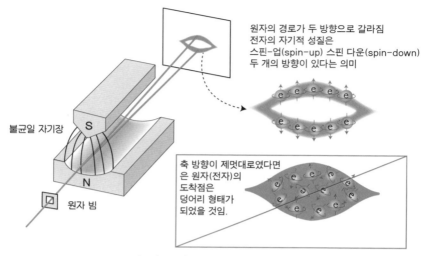

원자의 경로가 두 방향으로 갈라짐
전자의 자기적 성질은
스핀-업(spin-up) 스핀 다운(spin-down)
두 개의 방향이 있다는 의미

불균일 자기장

S

N

원자 빔

축 방향이 제멋대로였다면
은 원자(전자)의
도착점은
덩어리 형태가
되었을 것임.

〈그림 7-27〉 슈테른-게를라흐 실험

으로든 놓일 수 있다면 자기장을 통과한 후에 덩어리 형태로 나와야 했을 테니까. 이로써 전자는 자기장에 반응하여 두 개의 방향성을 가지는 것으로 입증되었고, 각각 스핀-업spin-up과 스핀-다운spin-down으로 부르게 되었다.

전자가 스핀-업일 때의 각 운동량의 크기를 $+\frac{1}{2}$, 스핀-다운일 때는 $-\frac{1}{2}$로 나타내는데 이를 '스핀 양자수'라고 한다.

스핀 양자수는 전자뿐만이 아니라 양성자나 중성자도 가지고 있다. 그래서 수소처럼 양성자 한 개에 전자 한 개로 이루어진 단순한 원자도 두 종류가 생긴다. 하나는 양성자와 전자의 스핀 방향이 같은 수소이고, 또 다른 하나는 양성자와 전자의 스핀 방향이 서로 반대인 수소다. 그 둘이 가진 에너지는 사소하지만 차이가 있다. 양성자와 전자의 스핀 방향이 같은 수소 에너지가 스핀 방향이 반대인 수소보다 약간 높다. 그래서 스핀 방향이 같은 수소가 스핀 방향이 반대인 수소로 바뀌는 경우에 21cm 파장의 전자기파가 방출된다. 은

하계에는 수소 원자가 풍부하게 있으므로 우주천문학자들은 21cm 파장이 많이 분포하는 지역을 탐색하여 우리 은하계의 크기를 가늠할 수 있었다.

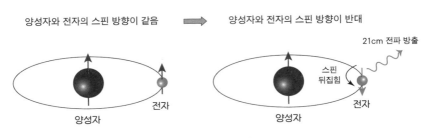

양성자와 전자의 스핀 방향이 같음　⟹　양성자와 전자의 스핀 방향이 반대

21cm 전파 방출

스핀 뒤집힘

전자

양성자

전자

양성자

〈그림 7-28〉 스핀 양자수

입자는 어떻게 분류하는가? -쿼크와 렙톤

앞서 페르미온은 파울리의 배타 원리를 따르는 입자라고 했다. 어떤 입자들이 있을까?

페르미온의 기본 입자는 렙톤lepton과 쿼크 두 종류로 구분되는데, 각각 6종이 있다. 렙톤은 대체로 질량이 작으므로 '경입자輕粒子'라고도 부른다. 전자와 전자 중성미자 등이 이에 속한다.

쿼크는 세 개가 결합하여 양성자나 중성자를 만든다. 양성자는 위 쿼크 두 개와 아래 쿼크 한 개가 결합한 것이고, 중성자는 위 쿼크 한 개와 아래 쿼크 두 개가 결합한 것이다. 양성자와 중성자도 파울리의 배타 원리를 따르기 때문에 페르미온에 속한다. 그렇지만 양성자나 중성자는 쿼크 세 개가 모여서 이루어지므로 기본 입자elementary particle/fundamental particle가 아니라 복합 입자composite particle다. 양성자와 중성자는 쿼크보다 매우 무거우므로 중입자重粒子, baryon; 바리온라고도 부른다.

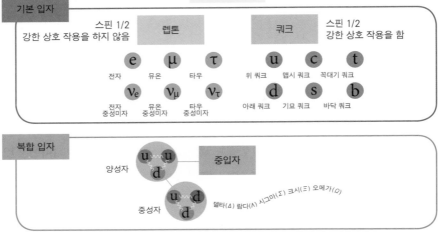

〈그림 7-29〉 페르미온 기본 입자와 복합 입자

입자는 어떻게 분류하는가? -보손 기본 입자와 복합 입자

보손은 파울리의 배타 원리를 따르지 않는 입자다. 그러므로 같은 에너지 상태에 여러 개의 입자가 중첩되어 존재할 수 있다. 예를 들면 빛 입자인 광자는 서로 부딪히지 않으므로 여러 개가 똑같은 양자 상태로 겹쳐서 존재할 수 있다.

보손은 대개 힘과 관련된 상호작용을 중개하는 입자다.

글루온gluon은 접착제라는 뜻을 가지는데, 쿼크와 쿼크를 묶어주는 역할을 한다. 물론 우리가 알고 있는 끈끈한 접착제와는 다른 방식으로 쿼크와 쿼크가 아주 가까이 붙어 있도록 한다. 글루온은 흔히 농구공에 비유된다. 쿼크와 쿼크가 쉴 새 없이 농구공과 같은 글루온을 서로 주고받으면서 한눈을

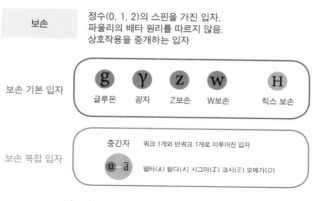

| 보손 | 정수(0, 1, 2)의 스핀을 가진 입자,
파울리의 배타 원리를 따르지 않음.
상호작용을 중개하는 입자 |

보손 기본 입자

g 글루온 γ 광자 z Z보손 w W보손 H 힉스 보손

보손 복합 입자

중간자 쿼크 1개와 반쿼크 1개로 이루어진 입자

u d̄ 델타(Δ) 람다(Λ) 시그마(Σ) 크시(Ξ) 오메가(Ω)

〈그림 7-30〉 보손 기본 입자와 복합 입자

팔 수 없는 상태라는 것. 이러한 과정을 강한 상호작용strong interaction이라고 하며 강력强力, strong force이라고도 한다. 강한 상호작용을 통해 생기는 강력의 크기는 중력보다 10^{38}배나 되기 때문에 쿼크와 쿼크의 결합은 거의 깨지지 않는다.

빛의 입자인 광자photon는 전자기 상호작용electromagnetic interaction 또는 전자기력을 중개하는 입자다. 양성자와 전자 사이에 광자를 주고받으면서 전자기력이 발생하는 것이다. 전자기력은 전기력과 자기력을 합성한 말이다. 과거에는 두 힘이 다른 것으로 생각되었으나 두 힘은 본질에서 같은 힘이라는 것이 밝혀졌기 때문에 전자기력이라는 이름이 붙었다. 그래서 자석을 회전시켜 전기를 얻고, 전기를 흘려 전자석을 만들 수가 있다. 작은 자석으로도 쇠못을 들어 올릴 수 있으니, 전자기력은 중력보다 훨씬 큰 힘을 가진다. 중력의 크기를 1이라고 할 때, 전자기력은 10^{36}배나 되는 큰 힘이다. 우리 몸을 구성하는 물질이 흩어지지 않고 형체를 유지하는 것은 모두 전자기력 때문이다. 만약 전자기력의 크기가 갑자기 중력의 크기보다 작아지는 괴상한 일이 일어난다면,

우리 몸을 이루는 물질은 모두 분해되어 흘러내릴 것이다.

W보손과 Z보손은 약한 상호작용weak interaction 또는 약력弱力, weak force을 중개하는 입자다. 약한 상호작용은 방사성 물질의 붕괴에 관여한다. 지구 내부에는 우라늄, 토륨과 같은 방사성 물질이 많이 포함되어 있는데, 약한 상호작용 덕분에 46억 년 동안 지구 속이 차갑게 식지 않고 6000K나 되는 온도를 유지한다. 또한 태양의 내부에서 양성자가 충돌하여 헬륨핵을 합성하는 핵융합 과정에도 약한 상호작용이 관여한다. 그 크기는 중력의 10^{25}배 정도 되는 힘이다.

강한 상호작용, 전자기 상호작용, 약한 상호작용 그리고 중력을 흔히 우주의 4대 힘이라고 하는데, 그 힘의 크기를 비교하면 다음과 같다.

강한 상호작용 10^{38} 〉 전자기 상호작용 10^{36} 〉 약한 상호작용 10^{25} 〉 중력 1

그런데 우리가 가장 쉽게 느낄 수 있는 중력은 어떤 입자가 관여하고 있을까? 중력도 다른 힘들처럼 중개하는 입자가 있어야 하지 않을까? 과학자들도 그러한 입자를 가정하고 '중력자graviton: 그래비톤'라는 이름을 붙여놓았다. 그런데 중력자는 에너지를 가진 모든 물질과 상호작용하지만 이론으로만 있을 뿐 실험으로 관측된 적이 없다. 중력을 이용하여 먼 행성까지 우주선을 쏘아 보내면서도 정작 힘의 원천에 대해서는 잘 모르고 있으니 참 아이러니하다.

힉스 보손higgs boson은 다른 입자에 비해 질량이 크고 빠르게 붕괴하기 때문에 대형 입자가속기에서만 관찰할 수 있다. 2012년 7월 4일 유럽입자물리연구소CERN 대형 강입자 충돌기의 검출기에서 힉스 보손을 발견했다는 보도가 나간 후 들떠서 잠을 이루지 못한 과학자가 많았다고 한다. 힉스 보손은 만물이 질량을 가지는 원인을 설명하는 입자이기 때문이다. 힉스 보손은 우주에 가득 차 있어서 어떤 물질이 움직이는 것을 방해하는 역할을 한다. 이때 어떤 물질의 '움직이기 어려운 정도'가 '질량'인 셈이다. 그래서 빛의 속력으로 움직일 수 있는 광자의 질량은 0이 되고, 그보다 속력이 느린 입자일수록 질량은 커진다.

중간자meson는 쿼크 한 개와 반쿼크 한 개로 이루어진 복합 입자다. 파이온, 로, 에타, 제이/프시, 엡실론, 세타 등이 있다. 중간자는 양성자와 중성자가 결합할 수 있게 하는 힘을 중개하는 입자다. 양성자와 중성자가 결합하는 힘을 핵력nuclear force이라고 하는데 중간자가 그 역할을 하는 것으로 생각된다.

입자 종류가 너무 많아서 이를 무턱대고 외우려고 하면 골치가 아프다. 입자의 분류 체계를 알면 기억하기가 쉽다.

8

지구를 만든 물질,
어디에서 와서 어디로 가는가?

— 우주 구성 물질에 대하여

우주를 도배하는 물질, 수소와 헬륨

우주의 원자 물질은 수소와 헬륨이 대부분!

주기율표에는 100가지가 넘는 원소가 나열되어 있다. 1번 수소, 2번 헬륨, 3번 리튬, 4번 베릴륨, 5번 붕소, 6번 탄소, 7번 질소, 8번 산소, ….

100가지가 넘는 원소 중 우주에서 가장 많은 원소는 뭘까? 우주의 원자 물질은 별의 형태로 뭉쳐 있거나 성간 물질로 흩어져 우주 공간에 퍼져 있다. 그것들의 성분은 스펙트럼을 분석하여 알아낼 수 있다. 과학자들이 우주를 연구하여 분석한 결과는 원자번호 1번인 수소가 우주에 가장 많은 것으로 나타났다. 수소가 원자 물질의 약 75%를 차지하고 있었다. 나머지 약 25%는 원자번호 2번인 헬륨이었다. 그 두 가지 성분을 제외한 나머지 원소들은 합쳐서 1% 정도밖에 되지 않는다.

왜 우주에는 수소와 헬륨이 가장 많을까? 산소나 금이 많으면 살림에 큰 보탬이 될 텐데….

1940년대에 빅뱅 우주론 학자인 조지 가모프George Gamow, 1904~1968와 랠프 애셔 앨퍼Ralph Asher Alpher, 1921~2007는 우주의 시간을 탄생할 당시약 137억 년 전로 되돌리면 우주가 어떤 상태일지에 관한 연구 논문을 발표했다.

"우주의 모든 에너지가 한 점에 모여 있을 때 온도는 상상할 수 없을 정도로 높았을 것입니다. 그러나 빅뱅이 시작되면 우주 온도는 급격히 내려가는데, 빅뱅 직후 1초에서 3분 사이에 양성자와 중성자가 결합하여 헬륨을 만들었을 것으로 보입니다. '빅뱅 핵 합성Big Bang nucleosynthesis'이 일어난 것이지요."

가모프와 앨퍼는 빅뱅 핵 합성을 통해 수소와 헬륨이 약 3:1의 비율로 형성되었고, 약간의 리튬Li과 베릴륨을 생성한 후 빅뱅 핵 합성은 막을 내렸을 것으로 추측했다.

당시에는 우주 성분이 어떤 비율로 되어 있는지 연구되지 않던 시대여서 그들의 발표는 점쟁이의 예언과도 같은 것이었다. 그런데 1970년대에 우주 성분을 연구한 결과가 누적되면서 그들의 예언은 사실로 드러났다. 즉 우주의 물질은 수소가 74%, 헬륨이 24% 정도라는 것이다. 수소와 헬륨을 제외한 나머지 성분들은 2% 미만이다.

수소나 헬륨, 산소, 철 등 세상을 이루는 모든 물질은 원자로 구성되어 있다. 그런데 원자 물질이 아닌 유령 같은 물질과 에너지가 발견되면서 우주 구성 성분비의 역사는 새로 쓰여야 했다.

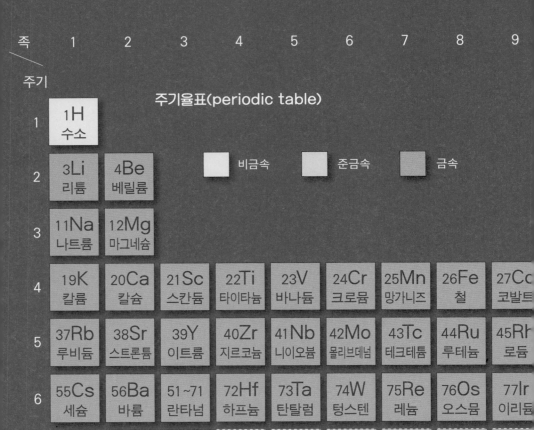

족	1	2	3	4	5	6	7	8	9
주기									
1	1H 수소				주기율표(periodic table)				
2	3Li 리튬	4Be 베릴륨		⬜ 비금속	⬜ 준금속	⬜ 금속			
3	11Na 나트륨	12Mg 마그네슘							
4	19K 칼륨	20Ca 칼슘	21Sc 스칸듐	22Ti 타이타늄	23V 바나듐	24Cr 크로뮴	25Mn 망가니즈	26Fe 철	27Co 코발트
5	37Rb 루비듐	38Sr 스트론튬	39Y 이트륨	40Zr 지르코늄	41Nb 니오븀	42Mo 몰리브데넘	43Tc 테크테튬	44Ru 루테늄	45Rh 로듐
6	55Cs 세슘	56Ba 바륨	51~71 란타념	72Hf 하프늄	73Ta 탄탈럼	74W 텅스텐	75Re 레늄	76Os 오스뮴	77Ir 이리듐
7	87Fr 프랑슘	88Ra 라듐	89~103 악티늄	104Rf 러더퍼듐	105Db 더브늄	106Sg 시보귬	107Bh 보륨	108Hs 하슘	109M 마니트너

10	11	12	13	14	15	16	17	18
								2He 헬륨
			5B 붕소	6C 탄소	7N 질소	8O 산소	9F 플루오린	10Ne 네온
			13Al 알루미늄	14Si 규소	15P 인	16S 황	17Cl 염소	18Ar 아르곤
28Ni 니켈	29Cu 구리	30Zn 아연	31Ga 갈륨	32Ge 저마늄	33As 비소	34Se 셀레늄	35Br 브로민	36Kr 크립톤
46Pd 팔라듐	47Ag 은	48Cd 카드뮴	49In 인듐	50Sn 주석	51Sb 안티모니	52Te 텔루륨	53I 아이오딘	54Xe 제논
78Pt 백금	79Au 금	80Hg 수은	81Tl 탈륨	82Pb 납	83Bi 비스무트	84Po 폴로늄	85At 아스타틴	86Rn 라돈
110Ds 다름슈타튬	111Rg 뢴트게늄	112Cn 코페르니슘	113Uut 우눈트륨	114Uuq 우눈쿼듐	115Uup 우눈펜튬	116Uuh 우눈헥슘	117Uus 우눈센튬	118Uuo 우눈녹튬

〈그림 8-1〉 원소 주기율표

가스 구름으로 만들어진 태양계

태양계와 지구는 어떻게 만들어졌을까?

태양계는 어떤 과정을 거쳐 형성되었을까?

18세기 스웨덴의 신학자 에마누엘 스베덴보리Emanuel Swedenborg, 1688~1772, 독일의 철학자 임마누엘 칸트Immanuel Kant, 1724~1804, 프랑스의 수학자 피에르 라플라스Pierre-Simon Laplace, 1749~1827는 가스 구름이 뭉쳐서 태양이 되었을 것이라는 성운설을 주장했다. 그렇지만 그들의 주장은 과학이라기보다는 철학에 가까웠다.

20세기 중반까지 태양계의 기원설은 다양했다. 태양은 쌍둥이였는데 그중 하나가 지나가던 방랑자별을 따라 떠나면서 남긴 부스러기가 행성이 되었다는 전설 같은 이야기연성설도 있고, 태양이 우주를 여행하면서 행성들을 하나씩 입양했다는 설포획설도 있다. 그 밖에도 난류와동설, 응집설 등 여러 가지 설이 있었으나, 20세기 과학은 성운설을 최후의 승자로 인정했다. 이는 천문 관측 기술의 발달과 우주 망원경 덕분이다.

〈그림 8-2〉는 용골자리 성운의 일부다. 성운의 밀도가 높은 지역에서는 중력에 의해 가스가 뭉쳐지면서 별이 탄생한다. 밀도가 높은 내부 지역은 가시광선으로 잘 보이지 않기 때문에 과학자들은 적외선천문망원경 IRASInfrared astronomical satellite의 관측 자료를 이용하여 성운을 분석했다.

성운을 이루는 가스의 주성분은 수소와 헬륨이다. 태양도 수소74%와 헬

〈그림 8-2〉 용골자리 성운

륨$^{24\%}$으로 되어 있다. 그러나 2%는 중금속을 포함한 무거운 원소가 있다.

무거운 중금속은 별이 폭발할 때 만들어지기 때문에 태양은 재활용 재료로 만들어진 젊은 별이라고 할 수 있다. 나이 많은 별이 100억 년 이상의 나이를 가지는 것에 비하면, 태양은 이제 46억 살도 채 안 되었으니까.

20세기의 과학자들은 태양계 형성 과정을 다음과 같이 설명한다.

"성운에서 밀도가 높은 곳을 중심으로 가스 물질이 중력에 의해 둥근 공처럼 뭉쳐지면서 회전하기 시작합니다. 회전에 의한 원심력 때문에 가스와 티끌 등은 원반 형태가 됩니다. 중심부의 둥근 공은 중력수축으로 온도가 상승하면서 빛나기 시작합니다. 그 둥근 공이 태양입니다. 질량이 가벼운 수소와 헬륨 등의 가스는 태양풍에 의해 외곽 지역으로 밀려나고, 일부의 무거운 금속과 암석 성분들은 태양 근처에 남을 수 있었습니다. 원반의 물질들은 작은 콩알에서 시작하여 감자에서 수박 크기로 점점 커집니다. 질량이 커진 덩어리들은 중력을 발휘하여 작은 것들을 끌어당겨 점점 커져 미행성체가 됩니다.

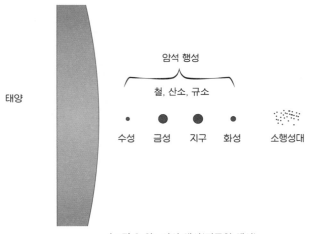

〈그림 8-3〉 암석 행성(지구형 행성)

미행성체가 점점 커져서 행성이 되었습니다."

행성들의 나이가 모두 약 46억 년인 점은 성운에서 태양과 행성이 동시에 탄생했다는 것을 암시하는 유력한 증거다. 또한 행성들이 전축 판처럼 편평한 공전면을 따라 회전하고 있으며 공전 방향이 모두 같다는 것도 성운설을 지지하는 증거가 된다.

태양계 행성의 성분은 크게 두 그룹으로 나뉜다. 한 그룹은 암석 행성이고 또 한 그룹은 가스 행성이다.

첫 번째 그룹인 암석 행성은 태양에 가까운 네 개의 행성인 수성, 금성, 지구, 화성을 말한다. 네 개의 행성 중에서는 지구의 크기와 질량이 가장 크다. 그래서 암석 행성을 지구형 행성이라고도 한다. 지구형 행성은 철과 산소, 규소 등의 무거운 원소가 주성분이며, 대기권이 있으면 이산화탄소, 질소, 산소와 같은 무거운 기체로 되어 있다.

두 번째 그룹인 가스 행성은 소행성대 외곽 지역에 있는 목성, 토성, 천왕

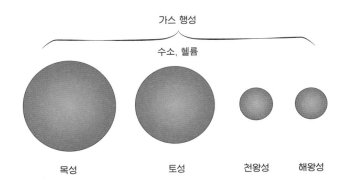

〈그림 8-4〉 가스 행성(목성형 행성)

성, 해왕성을 말한다. 네 개의 가스 행성 중에서 목성의 질량과 크기가 가장 크다. 그래서 가스 행성을 목성형 행성이라고도 부른다. 목성형 행성은 수소와 헬륨의 거대한 가스 덩어리다. 물론 가스 행성의 중심부에는 무거운 금속 핵이 있을 것으로 추정된다.

목성형 행성은 태양에서 5AU 이상 먼 거리에 있기 때문에 가스가 얼어붙을 만한 조건을 가지고 있었다. 2~4AU의 거리에는 소행성들로 띠를 이루고 있다. 그 지역에서 소행성들은 행성으로 성장하지 못했다. 그 이유는 무엇일까? 과학자들은 목성의 중력이 소행성들을 뭉칠 수 없도록 방해했을 것으로 생각하고 있다.

행성들의 대기권 성분은 왜 서로 다른 것일까?

냄비의 물이 끓을 때는 냄비뚜껑이 들썩들썩한다. 수증기 분자들이 냄비뚜껑을 박차고 탈출하는 것이다. 행성의 대기도 마찬가지다. 태양열을 받아 달구어진 대기 성분들은 지구의 중력을 이겨내고 지구를 탈출하려 한다. 이때 지구의 중력을 이겨내고 탈출할 수 있는 속도를 '탈출속도'라고 한다.

탈출속도는 중력에 의한 물체의 위치에너지와 물체의 운동으로 생기는 운동에너지의 합이 0이 되는 시점의 속력이다. 0은 얽매이지 않은 자유로운 숫자인 셈.

질량 m인 물체가 가지는 위치에너지는 $-\dfrac{GmM}{R}$(G: 만유인력 상수, m: 물체의 질량, M: 행성의 질량, R: 행성 중심으로부터의 거리, - 표기는 방향을 나타냄)로 표현된다. 질량 m인 물체가 v 속도로 운동할 때 가지는 운동에너지는 $\dfrac{1}{2}mv^2$이다. 두 에너지의 합이 0이 되도록 놓으면, $\dfrac{1}{2}mv^2 - G\dfrac{mM}{R} = 0$. 따라서 탈출속도 $v = \sqrt{\dfrac{2GM}{R}}$이 된다. 여기에 지구의 물리량 수치를 대입하면,

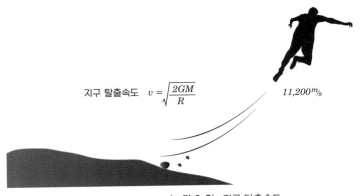

지구 탈출속도 $v = \sqrt{\dfrac{2GM}{R}}$ $11,200^m\!/\!s$

〈그림 8-5〉 지구 탈출속도

$v = \sqrt{\dfrac{2 \times 6.67 \times 10^{-11} \times 5.98 \times 10^{24}}{6,370,000}} \simeq 11,200 \ (^m\!/\!s)$이다.

따라서 지구의 경우 지표면에서의 탈출속도는 약 11,200$^m\!/\!s$이다. 누구든지 1초에 11,200m를 주파할 능력이 있다면 땅을 박차고 우주로 뛰쳐나갈 수 있는 거다.

상온의 지구 대기에서 질소 분자^{N_2}의 평균 운동 속력은 500$^m\!/\!s$, 산소 분자는 480$^m\!/\!s$ 정도인 것으로 알려져 있다분자들의 운동 방향이 제각각이므로 우리의 감각은 그 운동을 느끼지 못한다. 공기 분자들의 운동 속력은 그처럼 빠르지만 지구 탈출속도인 11,200$^m\!/\!s$와 비교하면 턱없이 느리다. 따라서 질소와 산소 분자들은 지구를 탈출하지 못하고 지구의 대기권에 붙잡혀 있다. 그러나 수소나 헬륨은 가벼우므로 상층 대기로 이동하기가 쉽고 태양에서 오는 강한 감마선, 엑스선, 자외선 광자들의 타격을 받아 지구를 탈출할 수 있다. 그러므로 수소와 헬륨처럼 가벼운 원소가 지구의 대기에는 매우 희박하게 존재할 뿐이다.

지구의 위성인 달에는 대기가 없다. 그 이유는 달의 질량이 지구의 80분의 1에 불과하기 때문이다. 달은 지구보다 질량이 작으므로 표면 중력의 크기가 지구의 6분의 1밖에 안 된다. 그래서 달 표면에서의 탈출속도는 2400㎧ 정도로 지구에서의 탈출속도보다 훨씬 작으므로 달의 공기 분자는 비교적 수월하게 우주로 빠져나간다. 그 결과로 현재의 달에는 대기권이 없다.

목성은 지구보다 질량이 훨씬 크고, 표면 중력은 지구의 약 2.5배다. 그러므로 목성은 수소와 헬륨의 두꺼운 대기를 가질 수 있었다. 목성이 수소와 헬륨처럼 가벼운 원소를 묶어둘 수 있는 이유는 태양에서 멀리 떨어진 지역에 위치하여 온도가 낮기 때문이다. 만약 목성을 지구로 옮겨 놓는다면 온도 상승으로 수소와 헬륨의 운동 속도가 증가하여 우주로 탈출할 것이다.

정리하면, 대기권은 행성의 중력 에너지와 대기 운동에너지의 힘 싸움을 통해 성분과 두께가 결정되는 것이라고 할 수 있다.

우주를 지배하는 암흑 물질과 암흑 에너지

암흑 물질의 존재를 어떻게 알 수 있을까?

원자 물질은 우주를 구성하는 성분[*] 중에서 약 5%밖에 되지 않는다. 나머지 95%는 암흑 물질dark matter; 26%과 암흑 에너지dark energy; 69%다.

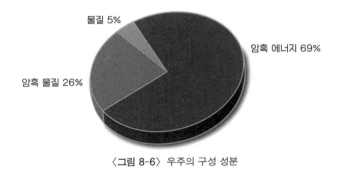

물질 5%

암흑 에너지 69%

암흑 물질 26%

〈그림 8-6〉 우주의 구성 성분

1933년 스위스의 천문학자 프리츠 츠비키Fritz Zwicky, 1898~1974는 머리털 은하단의 운동을 관측하여 암흑 물질의 존재를 예견했다.

"은하들의 회전속도가 너무 빨라! 저런 속도를 유지하려면 무엇인가 강한 중력을 발휘하고 있어야 해! 어둠 속에 보이지 않는 무엇인가가 있어. 오 다크 매터~!"

---

[*] 구성 비율은 하버드대학교 물리학 교수 리사 랜들Lisa Randall, 1962~ 의 견해를 반영하였다. 우주 구성 성분비는 연구 기관과 학자에 따라서 1~4%의 차이로 계산되어 제시되고 있다.

츠비키는 초신성이 폭발하여 중성자별이 되는 과정을 밝힌 업적으로 유명했다. 그렇지만 그는 빅뱅 이론을 믿지 않은 사람인 데다가 독설가로 악명이 자자했기 때문에 천문학자들로부터 따돌림을 받았다.

"저 양반 또 헛소리를 하는군. 자기가 연구한 것을 남들이 도둑질해간다고 늘 불평하더니 이젠 보이지 않는 유령 물질을 주장하네. 참 유별나."

츠비키 사망 후 미국의 천문학자 베라 쿠퍼 루빈Vera Cooper Rubin, 1928~2016은 우리 은하의 회전속도를 연구하다가 암흑 물질의 존재에 대한 구체적인 증거를 제시했다.

"우리 은하를 회전하는 별들의 속도를 보세요. 태양보다 바깥쪽에 있는 별들의 회전속도가 줄지 않고 있어요. 츠비키가 예상했던 암흑 물질의 효과가 우리 은하에서도 나타나는 것이 틀림없어요."

우리 은하의 회전속도는 〈그림 8-7〉과 같다.

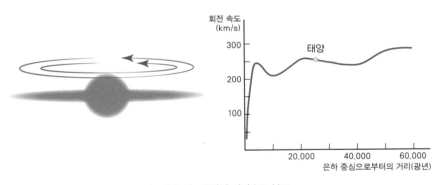

〈그림 8-7〉 은하의 회전속도 분포

그래프를 보면, 은하 중심에서 5000광년 거리까지는 레코드판의 회전처럼 바깥쪽으로 갈수록 회전속도가 증가한다. 이와 같은 회전을 강체 회전이라고 한다. 그런데 은하 중심에서 5000광년 거리부터 1만 광년까지는 외곽으로 갈수록 속도가 감소한다. 이와 같은 회전을 케플러 회전이라고 한다. 은하의 별들은 중심부에 밀집되어 있으므로 여기까지는 물리법칙을 따라 운동하는 셈이다. 그런데 1만 광년 거리부터 2만 광년까지는 다시 회전속도가 증가하고 태양이 위치한 부근에서는 또다시 감소하다가 외곽 지역은 증가하는 불규칙한 분포를 보인다. 이러한 회전속도의 분포는 눈에 보이지 않은 그 어떤 질량이 은하의 외곽 지역에도 상당히 분포하고 있음을 보여준다.

암흑 물질은 어떤 형태의 빛도 방출하지 않고 전도도 없고 오로지 중력 효과만 있는 이상한 유령 물질이다. 과학자들은 암흑 물질의 분포를 파악하기 위해서 중력렌즈 효과를 이용하기도 한다.

아인슈타인은 상대성이론에서 질량이 시공간을 휘게 하고 운동하는 물체는 휘어 있는 시공간을 따라 움직이므로 그 경로 또한 자연스럽게 휘어진다고 주장했다. 그의 주장은 1919년 개기일식 때 영국의 천문학자 아서 에딩턴Arthur Stanley Eddington, 1882~1944의 연구팀이 별빛의 경로가 휘어져 들어오는 현상을 실제로 관측하여 입증되었다. 태양의 중력에 의해 별빛이 휘어지는 각도까지

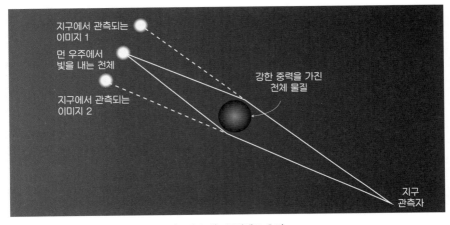

〈그림 8-8〉 중력렌즈 효과

정확히 예측한 터라 아인슈타인은 일약 세계적인 스타가 되었다.

먼 우주에서 날아오는 빛이 강한 중력을 가진 천체 물질 주변을 지나갈 때도 중력렌즈 효과가 일어난다. 빛의 굴절로 하나의 은하가 여러 개의 상으로 복제된 것처럼 보이는 경우도 있다. 과학자들은 중력렌즈 효과의 정도를 관측하여 암흑 물질이 얼마나 많이 어디에 분포하는지 조사하였고, 그 양은 우주 구성 물질의 23~26% 정도인 것으로 파악하고 있다.

우주 팽창을 가속하는 암흑 에너지

'우주가 한 점에서 폭발하여 오늘날에 이르렀고, 여전히 팽창하고 있다'는 빅뱅 우주론은 증거에 증거가 더해지면서 확고해졌다.

현재 빅뱅 우주론은 약 138억 년 전 우주가 대폭발로 탄생하고 10^{-36}~10^{-34}초 사이에 우주는 엄청난 속도로 급팽창했으며, 50억 년 이후 감속 팽창하다가 70억 년이 지난 뒤부터 가속 팽창하고 있는 것으로 밝혀졌다.

우주 가속 팽창은 솔 펄머터Saul Perlmutter, 1959~ , 브라이언 슈미트Brian P. Schmidt, 1967~ , 애덤 리스Adam G. Riess, 1969~ 가 초신성 관측을 통해 알아냈다.

"Ⅰa 초신성은 태양 질량의 1.44배가 되면 폭발합니다. 그러므로 폭발할 때의 정확한 절대 밝기를 알 수 있습니다. 절대 밝기를 알면 그 별들이 얼마나 먼 거리에 있는지를 정확히 계산할 수 있고 별빛의 도플러 효과를 측정하여 공간 팽창 속도를 계산할 수 있습니다. 아마도 중력의 힘 때문에 우주 팽창 속도는 점차 감소했을 것으로 생각되는데, 우리는 관측을 통해 그 사실을 입증할 예정입니다."

그러나 펄머터와 동료들은 정반대의 관측 결과를 얻었다.

"정말 놀라운 일입니다. 예상과는 달리, 우리 우주는 탄생하고 70억 년이 지난 시점부터 팽창 속도가 점점 빨라졌다는 결과를 얻었습니다. 우주의 보이지 않는 검은 손이 부채질이라도 하는 것일까요? 얼떨떨할 뿐입니다."

우주의 팽창 속도가 점점 빨라지고 있다는 사실은 암흑 에너지의 존재를 암시한다. 중력보다 훨씬 강한 어떤 음의 에너지가 있어야 우주 가속 팽창을 설명할 수 있기 때문이다. 에너지와 질량은 $E=mc^2$이라는 아인슈타인의 질량-에너지 등가법칙으로 그 크기를 환산할 수 있다. 우주 팽창을 가속하는 암흑 에너지양을 질량으로 환산하면 우주 전체 물질의 약 70%에 이르는 것으로 계산된다.

현재 시점에서 우주는 가속 팽창하고 있지만, 미래에는 어떻게 될까? 지금처럼 계속 가속도가 붙어서 빨라질까, 아니면 다시 감속하는 상태로 바뀔까? 아니면 빨라졌다가 느려졌다가를 반복할까? 또한 각각의 경우에 미래 우주의 운명은 어떻게 되는 것일까? 그림은 시간에 따른 우주의 크기를 나타낸다.

〈그림 8-9〉의 1번처럼 우주의 팽창 속도가 계속 빨라지는 경우에 우주가 풍선처럼 터져버리는 빅 립big rip; 대파열 상태가 될 것으로 과학자들은 예상한다. 은하, 항성, 행성, 분자, 원자 모든 물질이 발기발기 찢어져 분해되어버린다는 끔찍한 예상이다.

2번처럼 우주의 팽창 속도가 줄어들고 수축하는 경우에는 빅 크런치big crunch; 대함몰가 일어나 우주의 모든 물질이 한 점으로 다시 뭉칠 것이라고 예상할 수 있다. 우주가 수축하여 우주 탄생 초기로 되돌아가는 것이다.

3번 같은 예상도 가능하다. 우주 팽창 속도가 빨라지다가 다시 느려지고 다시 빨라지는 식으로 거듭되는 것이다. 그러나 이 경우에도 우주가 점점 팽창하는 것만은 막을 수 없다. 우주의 팽창 속도는 빛의 속력보다 빠르므로 밤하늘에서 볼 수 있는 은하나 별들의 수효가 점점 줄어들어서 먼 미래에는 우주가 텅 빈 것처럼 보일 수도 있다.

우주의
크기

급팽창

감속 팽창

가속 팽창

우주 대폭발
137억 년 전

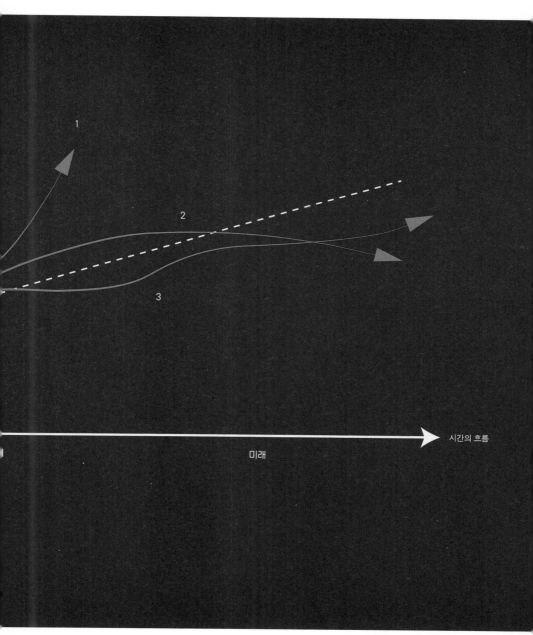

〈그림 8-9〉 시간에 따른 우주의 크기

사진 출처